数学和数学家的故事

（第 10 册）

［美］李学数　编著

上海科学技术出版社

图书在版编目（CIP）数据

数学和数学家的故事. 第10册 / （美）李学数编著
. -- 上海 ：上海科学技术出版社，2020.6（2023.3重印）
ISBN 978-7-5478-4938-5

Ⅰ. ①数… Ⅱ. ①李… Ⅲ. ①数学—普及读物 Ⅳ.
①01-49

中国版本图书馆CIP数据核字(2020)第086954号

策　　划：包惠芳　田廷彦
责任编辑：田廷彦
封面设计：陈宇思

数学和数学家的故事(第10册)
[美] 李学数　编著

上海世纪出版(集团)有限公司
上 海 科 学 技 术 出 版 社　出版、发行
（上海市闵行区号景路159弄A座9F-10F）
邮政编码 201101　www.sstp.cn
上海展强印刷有限公司印刷
开本 700×1000　1/16　印张 14
字数 160 千字
2020 年 6 月第 1 版　2023 年 3 月第 4 次印刷
ISBN 978－7－5478－4938－5/O・90
定价：35.00 元

序

2000年，在《数学教育研究》上，有两位数学教育工作者发表了一项调查报告，探讨初中学生对数学家的印象①。参与研究计划的初中学生各自画一张数学家的图像，并且回答两个问题，分别是：(1) 你认为哪些工作岗位需要聘用数学家？(2) 为什么你认为数学家有如你描绘的样子？共有476名初中学生参与研究计划，他们的年龄介乎12至13岁，来自美国、英国、芬兰、瑞典和罗马尼亚。虽然研究者指出学生作答(1)时并非全部只选中学教师为答案，意指他们并非把数学家的工作范围局限于中学的数学教师，但从大部分图像显示出来，初中学生心目中的数学家形象，其实都是来自他们的数学教师。

正因如此，这项调查结果使数学教育界十分担忧。大部分学生都把数学家描绘成令人生厌的闷蛋，甚至是令人害怕的专制独裁者，脾气暴躁，强迫学生

---

① Picker S H, Berry J S. Investigating pupils' images of mathematicians. *Educational Studies in Mathematics*, 2000,43(1): 65-94.

做大量他们不感兴趣的习题,但又少作解释。有些学生把数学家描绘成古怪孤僻的人,没有朋友(除了别的同样古怪的数学家!),不修边幅,衣衫褴褛,面容憔悴,愁眉深锁(因为经常思考难题!)。似乎多数人对数学家得来的印象,是他们与别人格格不入,有如生活在另一个世界的怪物。如果学生从小便认为数学家是怪物,他们自然对数学这行业亦畏而远之,不想因为从事这行业而被人视为怪物。于是,不单从事数学工作的生力军数目减少,数学教师的数目也减少,数学教师的素质也因此降低,导致的恶性循环就是学生的数学素质受影响,更少有志者继续进修数学,以致数学这行业将会日渐凋零。证诸数学在现代社会各领域发挥的作用,这绝不是大家愿意见到的现象。

其实,数学家也是凡人一名,与其他人没有分别。很多数学家的行为举止和品格性情与常人无异,既有好人也有不那么好的人,既有正常人也有不那么正常的人;总而言之,数学家并不算是一群特别与其他人非常不同的"怪蛋",与其他人一样,他们也有喜怒哀乐。但话得说回来,好些数学家由于所受的数学教养熏陶,在工作环境当中培养出来某些习性,又的确与一般人有点分别。20 世纪 60 年代在纽约库朗数学科学研究所任职的数学家卡佩尔(Sylvain Edward Cappell)曾经作了这样的中肯解释:

> 所有数学家都生活在两个不同的世界里。一个是由完美的理想形式构成的晶莹剔透的世界,一座冰宫。但他们还生活在普通世界里,事物因其发展或转瞬即逝,或朦胧不清。数学家们穿梭于这两个世界,在透明世界里,他们是成人,在现实世界里,他们成了婴儿。

同时,由于数学感觉较敏锐,好些数学家比别人拥有一种"行内幽默感",却不一定受到其他人即时认同。让我说一则个人的小故事以说明这一点。在 2004 年除夕,有一位好友寄来贺岁电邮,是一页印得密密麻麻的“福”字，填满了一个矩形框，下面有句祝福语，内容是说送上 2 004 个“福”以祝安康愉快！我马上回复好友，向他道谢并送上同样的祝福，但不忘加上一句：“非常感谢你的一番心意，不过那儿绝对不会有 2 004 个‘福’字，不用数也知道！”

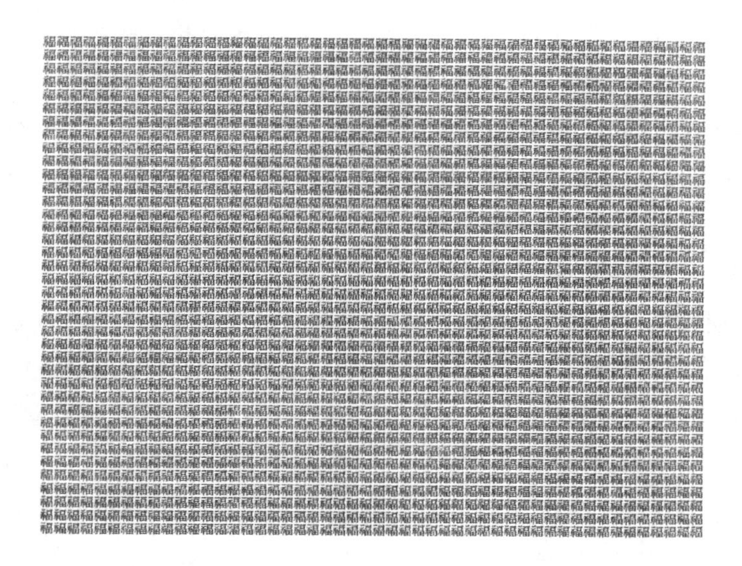

我没有仔细数，不知道那矩形框内有多少个“福”字，但我知道 $2\,004=2\times2\times3\times167$ 是 2 004 的质因数分解。要把 2 004 个“福”字恰好放在一个矩形框内，那个矩形框的长和宽必定相差很多(例如 12×167，4×501，6×334，等等)，矩形必定非常狭长，绝不能有如那种接近方形的样子。

数学家的传记并不缺乏，其中最广为人知的一本是贝尔(Eric Temple Bell)在 1932 年出版的《大数学家》(*Men of Mathematics*)。不过这本书得到的评价却是褒贬参半，有不少评论者认为书的内容与史实不符，渲染之余以讹传讹。不过，我们对作者应该持较公平的态度，因为在序言中他已作声明：“本书绝无任何意思作为一本数学史著述，甚至不是数学史的任何片断叙述。”书内讲述多位古往今来的数学大师的生平故事，弥漫着一种浪漫情怀，虽然与史实不一定完全相符,但对读者而言,倒是非常吸引及鼓舞人的。书的数学内容不要求读者懂得很多,几乎不涉及任何技术细节,但又带出数学家学术生涯引人入胜之处,令读者深深感受到数学家驰骋于智性世界的乐趣和激情。当年我在大学一年级暑假借了此书阅读,深受数学学术生涯吸引,日后从事数学工作,此书对我的影响是明显的。

另外一套《数学和数学家的故事》丛书,从20世纪的1978年至1999年陆续出版第一集至第八集,就更为海峡两岸、港澳地区的中学师生熟悉,是不少人从中获益匪浅的数学普及读物。这套丛书影响了一代又一代的师生,丛书的作者用的笔名是"李学数",真名是李信明。我与信明兄相识于20世纪70年代后期,也算是一段缘分。1975年我回到母校香港大学数学系任教,当时有意多做一些普及数学工作。早在回港任教之前几年,我在美国一所大学任职,课余与在香港的朋友合作为一本中学生杂志的专栏撰稿,写一些介绍数学知识的趣味小品,用的笔名是"萧学算"。回到香港后,在1977年秋季到一所中学以"从圆周率的计算看数学的发展和应用"为题,作了一次讲座。过了不久,在一本香港杂志《广角镜》读到一篇文章,题为"科学上常用的常数——圆周率"[①],感到很亲切,自然萌生与作者取得联络的念头,好向他请教写作普及数学文章之道。尤其见到作者的名字"李学数",想起自己用过的笔名,就更有那股意欲了!于是,我写信给《广角镜》,请编辑向作者转交我写给他的信。过了一些时候,我收到信明兄的热情回函,接着大家信来信往,成了好友,过了两年后大家还有机会见面呢。

信明兄的数学普及作品,除了数学内容新颖吸引,使读者在数学方面大有得益以外,他笔下那种感时忧国的人文情怀,更为难得,往往感染了读者,使读者更好明白作为知识分子的责任和说真话的精神。就像在这本书里叙述的数学家的故事,其实每一章都

① 广角镜.1978,68(5):53-59.

刻画出这些数学家和他们的同伴身处大时代的精神面貌，读者仔细玩味的话，当有所得。

这一点令我想起利伯(Lillian Rosanoff Lieber)在1942年出版的一本很特别的数学读物 *The Education of T. C. Mits: What Modern Mathematics Means to You*，书中主角 T. C. Mits 其实意指 **T**he **C**elebrated **M**an **I**n **T**he **S**treet，即是一般的公民。在第十四章作者写下了这样的一段话[①]：

所以，你看到了，
数学可以启发各色各样的主题，
其中许多人在讨论这些问题时，
都显得油腔滑调、漫不经心，
这是因为他们不曾受过训练，
学习用数学家做研究般的严谨细心
来检视一个想法。
我们必须试着模仿
直线式思维的模型。
不是像假思想家那样
喋喋不休地论辩，
而是
安静的、
诚实的、
谨慎的、
有力量的。

萧文强

2014年1月15日，香港大学

① 莉莉安·利伯. 启发每个人的小书. 洪万生，英家铭 译. 台北：究竟出版社，2012.

前言

不向人间怨不平，相期浴火凤凰生。柔蚕老去应无憾，要见天孙织锦成！

——叶嘉莹《迦陵诗词稿》

守榕姐在2015年8月15日电传她的好友陈文茜《今天的你比昨日的你慈悲、感恩》给我。

看到陈文茜说："自小我们学习许多课程，学数学'1+1=2''9-5=4'，但我们没有学过人生何时该加、何时该减才会快乐；我们学英文、学历史、学地理、学化学、甚至学天文学……宇宙大爆炸，在某个点上创造了生命，偶然创造了我们。但人如何才能快乐？所有我们学习的'课本'，都少了这门课。"心里有同感。

现在的教育实际走偏了，缺少兴趣培养是中国基础数学教育中的失误。中国的教育只重视传授知识给学生，传授学生会做题、会猜题的能力，侧重在技术性训练，培养的是应试能力，鼓励的是拿了奖就是好学生。为在高考时得到高分，很多重点学校往往采取题海战术,训练学生的应试能力。孩子放学回家后,除了完成教师留的功课,还要在家长强逼下,做完规定数量的教辅书上的题。让学生感到读书是一件不快乐的事情,不少原本对数学很有兴趣的学生,变成了做题机器,在机械性的劳动中逐渐失去了对数学的兴趣,学生的创新能力被打压了,埋没了天赋很高的人才。

丁肇中在2014年10月上海中欧国际工商学院大师课堂上谈从物理实验中获得的体会:"许多人认为,如果一个国家想要在技术和经济方面有竞争力,它必须集中于能有实际市场效益的实用性技术的发展,并使经济持续发展。从历史的观点来看,这观点是错误的。如果一个社会将自己局限于技术转化,显然,经过一段时间,基础研究不能发现新的知识和新的现象后,也就没有什么可以转化的。所以,技术的发展是生根于基础研究之中。"

李克强总理在一次座谈会上讲道:"我们要搞原始创新,就必须更加重视基础研究,没有扎实的基础研究,就不可能有原始创新。国际数学界的最高奖项菲尔兹奖,中国至今没有一人获得。现在IT业发展迅猛,源代码靠什么?靠数学!我们造大飞机,但发动机还要买国外的,为什么?数学基础不行……所以,大学要从百年大计着眼,确实要有一批坐得住冷板凳的人。"

2016年2月11日,麻省理工学院、加州理工学院以及美国国家科学基金在华盛顿进行物理学界的一次历史性发布:人类首次直接探测到引力波,爱因斯坦百年前预见的一种时空干扰波。麻省理工学院校长赖夫(L. Rafael Reif)就人类首次探测到引力波于12日致信全校,信中明确地指出:"我们今天庆祝的发现体现了基础科学的悖论:它是辛苦的、严谨的和缓慢的,又是震撼性的、革命性的和催化性的。没有基础科学,最好的设想就无法得到改进,'创新'只能是小打小闹。只有随着基础科学的进步,社会才能进步。"

在圣何塞州立大学举办感谢教授服务餐会，轮到教书 30 年的我演讲，我让负责人念我提供的德隆古尔（Will Allen Dromgoole）写的诗歌《造桥者》：

在一个寒冷阴沉的夜晚，
一个老人走在孤独的路上，
不久来到一个巨大、深厚的裂口，
裂口下流着迟缓的水流。
他在微暗中走过去，
但是，当他安全到达彼岸时，
他回头在那里造了一座桥梁。
旁边一个旅人说："老人家，
你是在浪费你的力气和精神，
因为这天结束时，你的旅程亦将结束，
你绝不会再经过这里，
而你已渡过这个巨大、深厚的裂口，
你却还要造一座桥，这是为了什么？"
造桥的老人抬起他那灰白的头，
说："这位朋友，在我来的这条路上，
有个少年跟在我后面，
他必定也会来到这裂口旁。
这个地方对我是没构成烦恼，
但对那位少年却可能是个圈套。
因为他也必须在微暗中渡过这裂口，
我这座桥是为他而造的，这位朋友！"

我只简单地说："感谢圣何塞州立大学提供我机会从事教学和研究，我是为年轻一代造桥的人，如果有来生，我仍愿意从事教育的工作。”

在我的散文集《梦里寻她千百度》中有一篇短文《我们都是造桥的人》，我写道：“有河，于是就应该有桥，于是就有造桥的人。我们现在所取得的一些成绩和成果，都是因为有许多人在我们的前面铺路造桥。当我们要走完人生道路时，不应该忘记还有后来人，我们应该给他们造路建桥。”

俄罗斯和苏联有很好的科普传统，许多著名科学家十分重视科普工作。我小时候患有数学恐惧症，在初一时看到从苏联翻译的带有故事性的趣味数学书才对数学有兴趣，以后还成为数学工作者。让数学家把他们掌握的那些抽象生僻的词汇带进一般人的经验范围却是一件非常困难的事。我为了写高度通俗化的类似法国数学家庞加莱（H. Poincaré）能够使工人、家庭妇女及教育水平不高的人看得懂的书，所费的时间比我写数学论文还要多十倍以上。

这本书的对象是一般的读者——没有经过专业训练的人、一些害怕数学或者对数学误解的孩子。希望这套书能揭开数学神秘的面纱，让更多人能欣赏它的美貌。希望一些对数学鄙视、认为数学无用的人，能知道自己是多么无知和幼稚。因此我不要求读者是个有高深数学知识、了解各种数学符号和公式的人，只要读者能耐心看完，这套书能让读者了解科学工作者的想象力和人文情怀。对于有强烈求知欲的孩子，以及想在数学领域有创新工作的年轻人，我在这里介绍一些有深度的难题以及还未解决的问题，他们可以通过对这些问题的解决与探索提高自己的能力。我期盼着所有数学教师都能成为研究者，期盼着数学教学研究能真正在学校生根、开花、结果，这样才能提高学生研究性学习能力和素养。贫瘠深山里的老师们，不像在城市的数学老师容易取得参考资料和信息资讯，想到他们匮乏的情况，因此在写书过程中尽量搜罗一些资料和题目，让他们容易利用，让这套书成为一个小型图书馆。对于学数学专业的朋友们、数学爱好者阅读这套书也不会是浪费时间，你们会看到许多和你们专业不相关的数学家的故事，知道他们的研究方法，“他山之石可以攻玉”，或许得到启示另辟新天地。

我想衷心感谢下面的朋友：吴沛林、邵慰慈、高振滨、梁崇惠、梁培基、张福基、刘宜春、郑振勇、陈锦福、林节玄、林开亮、萧文强、钱永红、唐小明，李小露帮我把一些文稿打成文档校对，提供意见和资料，感谢上海科学技术出版社编辑包惠芳、田廷彦为这套书的出版而奔忙。

2014 年 10 月、11 月、12 月及 2015 年 1 月 3 日我进入急诊室 9 次，真是“大难不死”。觉得“时不我待啊！要赶快工作”。本来我计划在 2015 年 10 月时寄第 6、7 集的书稿给出版社，不幸在 9 月我的电脑坏了，我前几年写的书稿和研究论文及资料都没有了。我找朋友及大学电脑技工都没法使我的硬盘资料恢复。四个月只好恢复数学研究，用研究忘却失去文稿的悲伤。“屋漏偏逢连夜雨”，健康又出状况。13 个月前我动了“食道裂孔疝”手术，把上升到横膈膜上的胃拉下去，把食道孔与胃连接的贲门缝小，结果不能吃东西，食欲下降，体重迅速下降 38 磅，几次因食物而呕吐。2016 年 1 月 14 日又发生呕吐不止的情况，要进入急诊室。

在病房，我试写了几十年不写的旧体诗：

病房抒怀一首

风烛残年病魔摧，
形容枯槁似犯囚。
好事多磨折腾频，
电脑机毁文稿丢，
多年辛劳尽湮灭，
人无远虑近忧多。
枕戈达旦忍孤寂，

踟蹰蜗行从头越。
千难万苦何所惧，
欲将心血洒寰宇。
我祈天公悯愚志，
不惜怜爱降霖雨。
苍茫天地呈碧翠，
枯木逢春复苏生。
荣誉财富身外物，
生命终结万事空。

年轻时写完第八集《数学和数学家的故事》时，我曾说："希望我有时间和余力能完成第九集到第四十集的计划。"属于自己的日子已经不多，不愿让脑海中孕育出的众多新思想和自己一同离去，生命是经不起等待的，人生短暂，须只争朝夕。身体亏损不易恢复，终日无食欲。只要有力气，精神好，我就尽力把这套书写完，没有忘记华罗庚教授的心愿："寸知片识献人民。"

为促进中国科技和文化事业的发展起到积极作用，我希望读者如有兴趣可以发送电子邮件至：lixueshu2014@gmail.com，以便和我交流。

2016.2.14 于美国联合市

序

前言

1 表示整数为 2 个和 3 个立方数的和

最主要的问题不是“我们知道什么”，而是“我们怎么知道？”

——亚里士多德

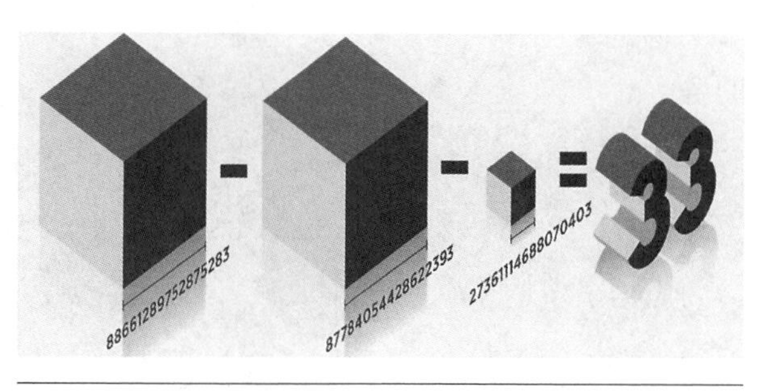

把 33 表示为 3 个立方和

2019 年，英国布里斯托尔大学的数学家布克(Andrew Booker)利用计算机找到丢番图方程

$$x^3 + y^3 + z^3 = 33$$

有以下的解：

$$8\,866\,128\,975\,287\,528^3 + (-8\,778\,405\,442\,862\,239)^3 + (-2\,736\,111\,468\,807\,040)^3 = 33$$

布克

2019年9月,布克与美国麻省理工学院的萨瑟兰(Andrew Sutherland)利用全球互联计算机(Charity Engine),花费130万机时找到

$$x^3+y^3+z^3=42$$

的解

$$(-80\,538\,738\,812\,075\,974)^3+80\,435\,758\,145\,817\,515^3+12\,602\,123\,297\,335\,631^3=42$$

以及

$$906=(-74\,924\,259\,395\,610\,397)^3+72\,054\,089\,679\,353\,378^3+35\,961\,979\,615\,356\,503^3$$

而同一个月的17日他们用了400万机时得到

$$3=569\,936\,821\,221\,962\,380\,720^3+(-569\,936\,821\,113\,563\,493\,509)^3+(-472\,715\,493\,453\,327\,032)^3$$

你一定奇怪为什么人们花这么多时间和金钱做这个看来没有什么用处的研究,好,你就耐心看这篇文章,了解一下这个问题产生的历史。

萨瑟兰

为什么叫丢番图方程

一个整系数方程比如

$$x_1^3 + x_2^3 + x_3^3 = 33$$

它有3个未知数。如果给定一个方程，未知数的数目多过方程，在数论上就称为不定方程式，但是多数人称它们为丢番图方程，来纪念最早研究它们的数学家。

丢番图(Diophantus)是出生于公元3世纪的希腊数学家，他在埃及亚历山大港的博物馆工作。

他在著作《算术》一书里研究了像求 $ax+by=c$，$x^2+y^2=z^2$，$a^3-b^3=c^3+d^3$ 的整数解的方程。

由于丢番图第一个用符号进行代数研究，人们尊称他为“代数之父”。

约1637年，法国业余数学家费马(P. Fermat)在获得丢番图的《算术》拉丁文译本之后，提出了著名的费马大定理：

$$x^n + y^n = z^n, \text{当 } n \geqslant 3 \text{ 时}$$

没有正整数解。

1761 年,瑞士数学家欧拉在阅读丢番图的著作时这么称赞他:"丢番图真的对他所研究的方程只给出特殊解……可是他提供的解法一般都和我们现代的方法一样。啊!我们必须承认,没有任何解不定方程的方法发明不是追踪到它们的源头——丢番图的工作。"[根据希思(Thomas Heath)的英译翻译。]

很可惜在公元 640 年,阿拉伯人攻打罗马,并将亚历山大博物馆的文物付之一炬,丢番图的大量书籍被销毁。他的工作只有"寸光片羽"被希腊人记载,人们连他的生卒年份都搞不清楚。

表示整数成 2 个立方数的和

欧拉为了研究费马猜想,第一个给出

$$x^3 + y^3 = z^3$$

没有正整数解的证明。

费马

在这之前的 1657 年,费马曾写信给他的学术圈朋友,要求考虑整数表示为立方数和的问题,例如:

$$x^3 + y^3 = z^3 + w^3 \quad (1)$$

$$x^3 + y^3 = z^3 \quad (2)$$

他要求在巴黎的朋友把这些问题告知在英国的数学家布龙克尔(William Brouncker)、沃利斯

(John Wallis)。

在巴黎为路易十四建立皇家科学院的德·贝西(Bernard Frenicle de Bessy)在1657年10月给出布龙克尔问题(1)的两组答案：

$$1\ 729 = 9^3 + 10^3 = 1^3 + 12^3$$

$$4\ 104 = 9^3 + 15^3 = 2^3 + 16^3$$

而印度自学成才的拉马努金(Srinivasa Ramanujan, 1887—1920)对问题(1)有兴趣，他给出了定理：

[拉马努金定理] 如果 $m^2 + mn + n^2 = 3a^2b$，

则有 $(m + ab^2)^3 + (bn + a)^3 = (bm + a)^3 + (n + ab^2)^3$

令 $m = 3, n = 0, a = 1$ 和 $b = 3$，马上得到

$$1^3 + 12^3 = 9^3 + 10^3 = 1\ 729$$

的答案。

1729这个数字在数学史上被人称为"计程车数"，这里有一个凄惨的故事。

拉马努金来到英国，由于宗教信仰，他坚持素食主义。可是当年在伦敦不容易购买到印度的食材，他只能自己煮着吃，常常吃一顿忘一顿，结果患上肺病让他很消沉；再加上他思念远在彼洋的幼妻(年仅14岁)，而他的母亲不让妻子和他联系，他有一个时期忧郁而想自杀。大概在1917年底或1918年初，他真的跑去伦敦的地铁站自杀，还好被司机及时发现。

哈代

拉马努金靠做他喜欢的数

论研究,忘记自己的肉体痛苦,他可以连续工作30小时,然后昏睡20小时,再加上营养不良,使他的身体日益衰弱。他和剑桥大学导师哈代(G. H. Hardy)合作了3年,做了不少出色的工作。

哈代惋惜地写道:“1917年春天,他身体开始不好,在初夏时,他住进剑桥的疗养院,从此再不能起床了。”

哈代和他的合作者利特尔伍德(J. Littlewood)为拉马努金争取了大学颁给他一个学士(BA)学位,并且让他成为皇家学会会员(FRS),他是第一位获此荣誉的印度数学家。

被选为皇家学会会员的拉马努金(中)与同事

拉马努金回印度后不久就去世,年仅32岁。哈代在他去世之后回忆:“我有一次去疗养院探望他,我乘的计程车号码是1729。为了使他能忘记病痛,我故意说:‘这个1729没有什么意义。’谁知他马上回答:‘这是最小的有两种二立方和表示式的正整数。’这让我吃惊。

我的好友利特尔伍德说:‘所有的数字都是拉马努金的好友。’真的是这样。”

匈牙利数学家埃尔德什(Paul Erdös,1913—1996)曾这样称誉这个前辈:"如果我们把数学家以他们的纯粹才能从 0 到 100 分打分。哈代给自己打 25 分,利特尔伍德为 30,希尔伯特是 80,而拉马努金则是 100 满分。"

自从这个计程车号码的故事传播之后,人们用计算机研究得到了一些这类数。

布鲁汉

2003 年,新西兰数学家布鲁汉(Kevin A. Broughan)发现了判断整数是 2 个立方数和的定理,他的结论发表在《整数序列杂志》(*Journal of Integer Sequences*)上。

布鲁汉的定理是:

[布鲁汉定理] 令 n 是正整数,$x^3+y^3=n$ 有正整数解当且仅当下列 3 个条件满足:

(1a) 存在 n 的一个因子 m,满足 $n^{\frac{1}{3}} \leqslant m \leqslant 2^{\frac{2}{3}} n^{\frac{1}{3}}$,且使得

(2a) 对于某些正整数 l,有 $m^2-\dfrac{n}{m}=3l$,而且

(3a) m^2-4l 是一个平方数。

以下条件等价存在 $n=x^3-y^3$ 有正整数解:

(1b) 存在 n 的一个因子 m,满足 $1 \leqslant m < n^{\frac{1}{3}}$,而且

(2b) 有一个正整数 l,$\dfrac{n}{m}-m^2=3l$,而且

(3b) m^2+4l 是一个平方数。

人们找到以下等式 $F(n)$,当 $n>4$ 时,列出许多正整数表示成 2 个立方和的两种表示式:

$$F(n)=a^3+b^3=(2n+6n^2+6n^3+n^4)^3+(n+3n^2+3n^3+2n^4)^3$$

$$=c^3+d^3$$
$$=(1+4n+6n^2+5n^3+2n^4)^3+(-1-4n-6n^2-2n^3+n^4)^3$$

表示整数成3个立方数的和

英国数学家莫德尔(L. J. Mordell,1888—1972)在1936年证明

$$x^3+y^3+z^3+w^3=n \tag{3}$$

如果存在一个整数解(a,b,c,d),而$-(a+b)(c+d)$是一个正非平方数,则方程(3)有无穷多解。

莫德尔

于是他转而研究什么n会使

$$x^3+y^3+z^3=n$$

有无穷多解的问题。

当时他只知道$n=2a^3$和$n=a^3$的情形。

对于$n=2a^3$,令t是一个参数,则

$$x=a+bt^3, y=a-bt^3, z=-ct^2$$

这里b,c满足等式$6ab^2=c^3$,给出了无穷多整数解。

对于$n=a^3$,这个方程无非零解。

特别地,当$a=0$时,方程变成$x^3+y^3=-(z)^3$,这是费马猜想指数3的情形,欧拉给出证明是无解。

自然你会问:对什么的n,$x^3+y^3+z^3=n$无解。

我们用高斯提出的同余的概念来考虑。

如果 $x^3+y^3+z^3=n$,则它对mod 9的同余有

$$x^3+y^3+z^3 \equiv n \pmod 9$$

我们用 $[a]_k$ 表示 $x \equiv a \pmod 9$ 的同余系。

u	$u^3 \pmod 9$
$[0]_9$	$[0]_9$
$[1]_9$	$[1]_9$
$[2]_9$	$[8]_9$
$[3]_9$	$[0]_9$
$[4]_9$	$[1]_9$
$[5]_9$	$[8]_9$
$[6]_9$	$[0]_9$
$[7]_9$	$[1]_9$
$[8]_9$	$[8]_9$

我们观察到 $x^3+y^3+z^3 \pmod 9$ 只有以下可能：$[0]_9$，$[1]_9$，$[2]_9$，$[3]_9$，$[6]_9$，$[7]_9$，$[8]_9$，没有 $[4]_9$ 和 $[5]_9$。

因此我们有 1955 年米勒(J. C. P. Miller)和伍利特(M. F. C. Woolett)发现的结论：

［定理］当 n 是 $[4]_9$ 和 $[5]_9$ 时，

$$x^3+y^3+z^3=n$$

无解。

即 $n \equiv 4,5 \pmod 9$ 时不能表示成 3 个立方数的和。

如果我们要求 x,y,z 都是正整数，在 $0<n<435$ 之间，已知有解的有 3，10，17，24，29，36，43，55，62，66，73，80，81，92，98，118，127，129，134，136，141，153，155，160，179，190，192，197，216，218，225，232，244，251，253，258，270，277，281，288，307，314，342，344，345，349，352，359，368，371，375，378，397，405，408，415，433，434。

当然如果允许负整数解，则 n 的可能解就增多了。

$n=1$ 时，$x^3+y^3+z^3=1$

可以有无穷多解

$$(9t^3+1)^3+(9t^4)^3+(-9t^4-3t)^3=1$$

$n=2$ 时，$x^3+y^3+z^3=2$ 有一组无穷解系列

$$(6t^3+1)^3+(1-6t^3)^3+(-6t^2)^3=2$$

人们在 1999 年找到 $n=30$ 的一个解

$$2\,220\,422\,932^3+(-2\,218\,888\,517)^3+(-283\,059\,965)^3=30$$

然而要找它的下一个解却很难。

比方说 $n=3$ 时，很早人们知道它有两个解

$$1^3+1^3+1^3=3$$
$$4^3+4^3+(-5)^3=3$$

几十年来人们寻找它的第三个解，直到 2019 年 9 月布克和萨瑟兰找到一个很大的解

$$569\,936\,821\,221\,962\,380\,720^3+(-569\,936\,821\,113\,563\,493\,509)^3+(-472\,715\,493\,453\,327\,032)^3=3$$

布朗

他们是通过 50 万台闲置的计算机来平行计算，如果用单一计算机相当于要用 400 万机时，或者 456 年的时间完成。

1992 年，英国剑桥大学教授布朗(Roger Heath Brown)猜想对于 $n\not\equiv 4,5 \pmod 9$ 时，$x^3+y^3+z^3=n$ 有无穷多解。

这是不是一个不可判定的猜想呢？目前没有人能证明。

为什么找到33时的解要花很长时间

布克为什么对这个问题感兴趣？在观看了布里斯托尔大学前数学教授布朗宁(Tim Browning)解释了这个问题的 YouTube 视频后，他就迷上了。他说："该视频里把它称为'未解的问题'，这吸引着我去思考它！"

布克博士原本希望进行更广泛的搜索，但是计算机在几周后就确定了解决方案。

他说："我有一个很好的猜测，我会为 1 000 以下的数字之一找到一些东西，但是我不知道它会是 33。我们不知道剩余的数字是否有无限多个解决方案，或者这些解决方案的频率如何。非常神秘。"当他发现解决方案时，他立即通知了布朗宁。

现在奥地利科学技术研究院的数论专家布朗宁，将圆法(以及解析数论中的其他方法)应用于代数几何。根据布朗宁的说法："找到 33 的解决方案花了很长时间的原因是，在数字列上搜索的距离足够远，一直到 10^{16}……然后一直到负整数，因为计算出正确的数字解在布克设计出算法之前是不切实际的。

与 10 年前的计算机相比，他不仅在更大的计算机上运行此程序，而且还发现了一种真正更有效的定位解决的方法。"

没有数学方法可以可靠地判断任何给定的丢番图方程是否具有解。根据布克的说法，3 个立方之和问题"是这些丢番图方程中最简单的问题之一，这是我们所能处理的前沿问题"。

出于这个原因，数论学家渴望了解关于 3 个立方的总和的所有知识。主要结果将是证明猜想 $x^3+y^3+z^3=n$，对每一个整数 n (除了那些除以 9 后余 4 或 5 的)有无穷多解。为这种证明而设计的工具可能会撬开问题的逻辑。像布克的 33 这样的结果为这种推测提供了支持，使数字理论家更加自信这是值得追求的证明。确实，每次数字理论家都使用他们的搜索算法进一步提高数字线的效率（例如，在 2009 年扩展到 10^{14}，在 2016 年扩展到 10^{15}，在 2019 年扩展到 10^{16}，从而为这个顽固的整数问题找到了答案，排除了可能的反例）。

埃尔基斯

在布克之前，许多数学家使用埃尔基斯(N. Elkies)的算法来找 $x^3+y^3+z^3=k$ 的解。布克在他的论文中说："埃尔基斯算法的工作原理是 $x^3+y^3=1$ 使用晶格基约化(lattice base reduction)找到费马曲线附近的有理点。它非常适合同时找到多个 k 值的解。在本文中，我们描述了固定 k 时更有效的另一种方法。它的优点是可找到所有在最小坐标上有界的解决方案，而不是像埃尔基斯的算法那样以最大坐标为界。这总是产生搜索范围的猛烈增长，除了可以单独说明的许多例外之外。"

布克说："在这场游戏中，不能想象你会得到什么东西。就像预测地震，我们只有粗略的概率可以依据。因此可能搜索几个月，计算机给出了答案，也有可能经过一个世纪的寻找最后还找不到解答。"

还有什么可以做呢

布克和萨瑟兰找到

$$x^3+y^3+z^3=42$$

只是1到100区间里丢番图方程 $x^3+y^3+z^3=n$ 的解。从100到1 000区间还有

$$n=114,390,579,627,633,732,921 \text{ 和 } 975$$

在等待解决。

每一个已解决的数,往往需要不同的快速方法来解决,因此,很可能在以后的100年间我们看不到所有的这些 n 得到解决。

但是数学家都很乐观,认为这些研究虽看来没有多大的商业价值,但由此产生的快速寻找答案的新方法,可以应用在大数据的寻找,以及椭圆曲线密码体制的军事用途上。

动脑筋　想想看

1. $153=1^3+5^3+3^3$, $370=3^3+7^3+0^3$,

$371=3^3+7^3+1^3$, $407=4^3+0^3+7^3$,

你是否可以找到新的三位数具有这个性质?

2. [未解决问题] 是否 $n\equiv 4,5 \pmod 9$ 都可以表示为4个立方数的和?

3. [未解决问题] 对于所有 $n\not\equiv 4,5 \pmod 9$ 的数,丢番图方程 $x^3+y^3+z^3=n$ 有无穷多解。

你试找几个 $n\not\equiv 4,5 \pmod 9$,由它的一些特殊解看能否生成无穷多解?

4. [IMO试题] 已知整数 x、y 满足 $(x^2+xy-y^2)^2=1$,且 $0\leqslant x$、$y\leqslant 1981$,求 x^2+y^2 的最大值。

5. 验证以下各式:

(1) $12=7^3+10^3-11^3$;

(2) $16=-511^3-1\,609^3+1\,626^3$;

（3）$24=-2\,901\,096\,694^3-15\,550\,555\,555^3+15\,584\,139\,827^3$；

（4）$48=-23^3-26^3+31^3$；

（5）$51=602^3+659^3-796^3$。

［附录］$n=x^3+y^3+z^3$ 的一些解

（1960 年代）

$87=4\,271^3-4\,126^3-1\,972^3$

$96=13\,139^3-15\,250^3+10\,853^3$

$91=83\,538^3-67\,134^3-65\,453^3$

$80=103\,532^3-112\,969^3+69\,241^3$

（1990 年代）

$39=134\,476^3-159\,380^3+117\,367^3$

$75=435\,203\,083^3-435\,203\,231^3+4\,381\,159^3$

$84=41\,639\,611^3-41\,531\,726^3-8\,241\,191^3$

（2000 年代）

$30=2\,220\,422\,932^3-2\,218\,888\,517^3-283\,059\,965^3$

$52=23\,961\,292\,454^3-61\,922\,712\,865^3+60\,702\,901\,317^3$

$74=66\,229\,832\,190\,556^3-284\,650\,292\,555\,885^3+283\,450\,105\,697\,727^3$

（2019 年）

$33=8\,866\,128\,975\,287\,528^3-8\,778\,405\,442\,862\,239^3-2\,736\,111\,468\,807\,040^3$

$42=80\,435\,758\,145\,817\,515^3-80\,538\,738\,812\,075\,974^3+12\,602\,123\,297\,335\,631^3$

$165=383\,344\,975\,542\,639\,445^3-385\,495\,523\,231\,271\,884^3+98\,422\,560\,467\,622\,814^3$

2 一个患有数学恐惧症的学生给我的小礼物

我准备搬家到洛杉矶，把存在车库架子里十多年没有打开的一些书籍、文稿、资料一一清理。一些书籍装起来送往中国的大学，以后不会研究的数学资料给了一些可以利用它们的朋友，其余的只好忍痛丢弃。

我翻到一本小书《一教一天堂》(*Thank heavens for Teachers—selected for Hallmark by Helen Exley*)，打开封面后，书的第一页有一句话："A gift for Prof. Sin Min Lee from O. S."(给李信明教授的礼物，O. S. 敬赠。)

学生赠我的书

这是 20 世纪 80

年代末90年代初,我争取到在系里(当年数学系和计算机系还是一家,没有分开)教一门基础数学课 Math 10,这课基本内容是高中数学,为那些读大学而没有高中数学知识的人设立的。

本来系里不让我教这门课,因为这些课通常是由讲师教,而我是属于高薪聘请的教授,专门教计算机课,不能教数学课。当年系主任想赶我走没成,校长要他向我道歉,他欠我一个人情,因此答应我可以教这门课两个学期。

刚好原先教这门课的副系主任由于学生大部分不好好上,时常逃课,教得非常沮丧。看到竟然有一个"傻子"想要接这个没有人想教的课,高兴地把她的课让给我教。

我是很想教数学,而且我想通过自身努力改变一些人对数学的看法。我愿意花更多努力和准备教这门"不起眼的学科",但我当时毕竟是太天真幼稚,不知道状况。来上课的学生没有一个想学好最基本的高中数学,而且许多是以"混"的心态,只希望考试过就行了,没有人认真地学习。

我的班上有一个黑人女学生 O. S.,三十多岁。她告诉我这门课她上过四次,几次由于认为考不过于是就"drop"(放弃继续上),这是她第五次来上,因为如果这门课不及格,她就不能毕业了。

我询问她为什么会几次上课后不久就退课,无功而返。她说她从小就有数学恐惧症,一直不能学好数学。她觉得自己很笨,学不好数学。

谁知进入大学,却需要补修高中数学,真是为难她。每次上课小考,她总是因紧张,公式代错,数字算错,结果不及格。甚至因过度紧张,大脑产生类似于生理性疼痛的反应,要上厕所。

据说全世界大约每5人中就有一个数学恐惧症患者,根据抽样调查,80%左右的人都做过与考试有关的噩梦,而其中又有70%左右是考数学的。现在我总算见识到有"数学恐惧症"的真正患者了。

“数学恐惧症”

她比其他的学生用功，上课记笔记，从来不缺席，不像有一些学生迟到早退。可是她的专注和努力好像丝毫没有什么作用，她的小考仍然是不及格。

我决定特别为她在课后补习。我要她在我的“见学生时间”(office hour)来我的办公室。对于她在课堂上不明白的知识，我设法再对她解释，并且手把手教她怎样解题，怎样思考。

为了建立她的信心，我告诉她我小时候也是一样很怕数学，而且也不会背公式，用公式常常算错，后来还常常因测验成绩不好被老师用藤条打。

后来在七年级时遇见一个好老师，由于她的鼓励，我想把小学的数学重新学起，经过一个月的努力，弄懂数学是怎么一回事，最后进步神速，自己以后也想当个数学家。

因此我对她说：“如果我这么笨的人都能学好数学，你比我聪明得多，这些数学你一定能学好的。”

她于是尽量努力，但她的心结不能解开，自认很“愚笨”，不能放下，小考仍然是一塌糊涂，还是不及格。

我估计在期末考之前，她不大可能会改变，因此我不可能以正常的考试检测她的成绩，要以孔子的“因材施教”的方式来考她。

在期末考前两星期，我对她说我想安排一个“模拟考试”让她练习,她可以带一个小抄把要用的公式记在上面,只要她能在这次的模拟考试过了,期末考试一定不会有问题。

她来了,我给她一颗巧克力,我说:"我平时稍饿就会有些头昏,因此要吃一些糖。我想这糖可以帮助你镇定,不要紧张,尽自己的努力做好这'模拟考题'。要有信心,我相信你一定能做这些题目。"

我安排她在教员休息室去做这些题目。考完后我在她的面前批改考卷,标出她犯错的地方。

很高兴她这次在放松没有压力的情况下,考得很好,七题只有一题半犯错。

我最后告诉她:"这真是好!你今天的成绩是B,我真为你骄傲。"

她高兴地叫起来:"我的上帝!我真能做到。"

然后我告诉她:"其实,你今天做的题目就是期末考试的题目。你看你在没有精神压力的情况之下就会发挥出最好的成绩,你证明了自己学数学还是有成绩的,我想你不必来考期末考了。

今天的答卷就是期末答卷,而且你这学期成绩是B。

你能毕业了,不必再重修这门课。

我希望你以后可以对你的孩子或亲戚说你的故事——'只要不怕困难,困难就会在你的面前轰然倒下。永远对自己有信心,你一定能克服困难。'"

她在我面前哭泣起来。这是高兴的哭泣。

在假期我收到了她给我的礼物——一本小书。书中附了一封信:感谢我对她的教导和鼓励,说我是她的一个好老师。

打开这本书,一页是一些格言,另外一页是一些著名教师、学生、孩子学习的画。

第一页就有我喜欢的数学家罗素(B. Russell,1872—1970)的话:"教师比社会其他阶层更应是文明的保卫者。"(Teachers are more than any other class the guardians of civilization.)

第二页有中国格言:“一车书比不上一个好老师。”(A load of books does not equal one good teacher.)

有一页有一个老师玛丽娅·柯林写的小诗:

“我是一个老师,	“I am a teacher,
老师是带领者。	A teacher is someone who leads.
在这里没有奇迹,	There is no magic here,
我不会在水上行走,	I do not walk on water,
我不能分隔大海,	I do not part the sea,
我只是爱孩子。”	I just love children.”

我惊奇地发现有一张画是两个中国小学女生的画像。

里面有吉诺(Haim G. Ginot)的话:“老师是被期望用不充分的工具而达到不可能的目的地。奇迹是他们完成了这不可能任务。”(Teachers are expected to reach unattainable goal with inadequate tools. The miracle is that at times they accomplish the impossible task.)

这本小书还引用海伦·凯勒(Helen Keller,1880—1968)和她的老师的故事。凯勒是一位聋哑人,她一岁半时突患急性脑充血病,连日的高烧使她昏迷不醒。当她苏醒过来,眼睛瞎了,耳朵聋了。由于失去听觉,不能矫正发音的错误,她说话也含糊不清。对于一个残疾人来说,世界是一片黑暗和寂静,在这样的情况下要学会读书、写字、说话,没有强大的记忆力,简直是不可能的事。

1887 年 3 月 3 日,家里为她请来了一位教师——安妮·沙利文(Anne Sullivan)小姐。沙利文跟海伦·凯勒很投缘,她们认识没有几天就相处融洽,而且海伦·凯勒还从沙利文那里学会了认字,让她能与别人沟通。

老师在海伦·凯勒的手心写了“water”这个词,海伦·凯勒总是把“杯”和“水”混为一谈。到后来,她不耐烦了,把老师给她的新

海伦·凯勒和老师沙利文

陶瓷洋娃娃摔坏了。但沙利文并没有放弃,她带着海伦·凯勒走到水井房边,要海伦·凯勒把小手放在水管口下,让清凉的水滴滴在海伦·凯勒的手上。接着,沙利文又在海伦·凯勒的手心,写下'water'这个字,写了几次,从此海伦·凯勒就牢牢记住了,再也不会搞不清楚。海伦后来回忆说:"不知怎的,语言的秘密突然被揭开了,我终于知道水就是流过我手心的一种液体。"

这本小书还有一段理查德·巴赫(Richard Bach)的诗:

"学习是发现你已知道的东西,

Learning is finding out what you already know.

做就是证明你已知道这些东西。

Doing is demonstrating that you know it.

教导是提醒他人,他们和你一样已经知道了这些东西。

Teaching is reminding others that they know it, just as well as you.

你们都是学习者、实干家和老师。

You are all learners, doers, teachers."

这小书就是我的宝贝收集物品之一。

最近躺在医院的急症室病床上,尿道因插管而流血,身体要忍受因病菌感染而发烧的痛苦。记忆也受影响,我设法靠回忆以前教书的日子里与学生生活的岁月激发自己的活力，忘记眼前的痛苦。

我觉得愧疚，我没有什么大能耐，能使对数学有恐惧排斥心理的人打开封闭的心扉，从一个世界走到另外一个光明的世界。我希望有更多的老师能发挥爱心，对这些软弱的“数学恐惧者”给予更多的帮助。

2018. 5. 26

3《斐波那契季刊》的创办人

——弗纳·霍格特教授

彼得·贝克曼将历史上的人分为两类,即思想家和暴徒。希腊人是思想家,罗马人是暴徒。一般法则似乎是暴徒总是胜利,但思想家总是比他们活得更久。

——霍华德·伊夫斯(Howard Eves)

数学可以比作一块岩石,我们希望研究它的内部构成。早期的数学家看起来像是坚持不懈的切割工,他们慢慢地试图用锤子和凿子从外面切割岩石。后来的数学家类似于专家级矿工,他们寻找脆弱的脉络,钻进这些部署好的位置,然后用充分放置的内部炸药将岩石炸开。

——伊夫斯《数学圈》(*In Mathematical Circles*,1969)

数学刊物有各种各样,但是有一本季刊却与众不同,专门登载与斐波那契数有关的论文。这季刊创刊于

1963年，是由圣何塞州立大学数学系小弗纳·霍格特(Verner Hoggatt. Jr.,1921—1981)一手经营的。

弗纳·霍格特

斐波那契数是意大利数学家比萨的莱昂纳多(Leonad of Pisa,1170—1240)在他的书中的一个“兔子生兔子”问题里首先引出来的。

它是数列1,1,2,3,5,…。从第三项起每一项都是前面两项的和，即

$$2=1+1$$
$$3=1+2$$
$$5=2+3$$

以此类推。我在《数学和数学家的故事》第5册里曾较详细地介绍过这个数列。

1986年我在犹他州森丹斯(Sundance)的组合会议上遇见匈牙利数学家保罗·埃尔德什(Paul Erdös)，他看到我胸前铭牌上附属的大学是圣何塞州立大学时就问我：“认不认识弗纳·霍格特教授?”

我说：“我去圣何塞州立大学教书时是1984年，很可惜他已经在1981年去世了。”

埃尔德什说：“很可惜，他走得这么快。你知道他为什么要自杀吗?”

我说，我的确不知道。

中国数学史家梁宗巨教授曾给我写信，要求我提供一些关于霍格特教授的资料，很可惜我由于对他的认识乏善可陈，没法提供太多的信息。

我曾问聘请我来加州的图论专家和当时的系主任米切姆

(John Mitchem)教授关于霍格特的死因。

他说:“他自杀的那个夏天,他有教课。有一天他来找我,竟然对我说他想自杀,我就劝他去看心理医生。最初我也不当一回事,他有厌世的情绪,我心想肯对人讲要自杀的就不会自杀。谁知在他教完课之后,考卷改完,学生的分数算好,他就自杀了。”

“为什么呢?”

“他是做事有责任心的人。他完成工作后去自杀,觉得这样不会带给学校和他的学生太多的困扰。”

“他是否患有癌症,不想活了?”

“没有,他身体健康。我猜他有忧郁症。”

霍格特喜欢藏书,拥有大量数学史的书籍。在他去世之后四年,他的夫人和女儿把他生前的藏书赠给我校数学系。数学系特别辟一间大房间收藏他的书、数学家的塑像及多面体模型。

在捐书仪式上,我见到他的夫人和女儿。夫人说:“我到现在还不明白为什么他要选择那种方式离开人世。”

我的一个好友是欧拉图的专家。他自称中文名字是“猫林先生”(Catlin)。他喜欢中国食物和收中国学生做博士生。他的第一个中国大弟子就是现在卓有名气的赖宏坚。

我们几次在开会时一起吃饭聊天,结果他在一个夏天教完课之后,就从他住的楼上跃下自杀,让我心中非常悲痛。

我喜欢的演员罗宾·威廉(Robin William)也是选择轻生离开这世界。

回过头来讲霍格特的藏书。他经过多年的搜集,有德文、意大利文、俄文、法文等各种各样关于数学史的书籍。他的藏书就放在以他名字命名的房间里。而这房间在我的办公室斜对面。有一天,我发现门口的大垃圾桶里竟然有一大堆他的书。

我问负责系图书馆的教授:“为什么要丢弃?”

他回答:“我们没有空间放置其他书籍,而这些外文书(指德文、法文、意大利文及俄文)没有人会看,放在这里是浪费空间。”

这真是暴殄天物。等他离开之后,我把他丢弃的书籍搬回家里。(这些书后来大部分与我的其他藏书都捐给中国的大学图书馆。我只留下少数用,还有一些给喜欢数学史的朋友。)

我想,他如果地下有知,一定会痛心年轻的美国数学家这么短视,把他的宝贝当作垃圾处理掉。

2018 年 7 月 30 日,我在加州克莱蒙学院图书馆看书,看到美国数学史家霍华德 · 伊夫斯(Howard Eves,1911—2004)写的《数学回忆》(*Mathematical Reminiscences*)一书,里面竟然有一篇是写他的学生霍格特的纪念文章。文章标题《你好,欢乐的精灵!》(*Hail to Thee, Blithe Spirit*)。于是决定把这篇文章重点译述,让更多中国读者知道他的生平。

伊夫斯的《数学史概论》和《数学回忆》

中国读者对伊夫斯不会陌生,应该看过他 1994 年写的《数学史概论》中译本。伊夫斯作为一名教师、几何学家、作家、编辑和数学史学家,取得了卓越的成就。作为著名的教育家和学者,他的大部分职业生涯都在缅因大学和中佛罗里达大学度过。25 年来,他编辑了《美国数学月刊》的基本问题部分。伊夫斯与霍格特长期合作，首先作为他的老师，然后作为合作者和朋友。

在文章里他讲述道："每个数学老师的伟大梦想是在他或她的学生中寻找潜在的未来数学家，并在培养该学生的数学成长方面发挥有益作用。没有太多的乐趣会超过这种体验。我在教学的这方面非常幸运，我可以很容易地列出一些给我这种至高无上快乐的以前学生的名单。我怀疑他们是否意识到我是多么深深地感谢他们成为我的学生。我选择了以下的回忆来说明这方面的教学，这让我们很多人都非常乐于从事这个职业，使得这个职业的所有挫折和问题都显得不重要。"

1940年中伊夫斯离开纽约州的锡拉丘兹大学(Syracuse University)应用数学系，到华盛顿州塔科马城(Tacoma)皮吉特湾学院(College of Puget Sound)数学系当系主任。

伊夫斯要教代数和三角。第一天上课，他看到20多个学生中有一位圆滚身材、显得相当聪明的学生——那就是霍格特。

初次见面伊夫斯就感到这青年喜欢数学。这是所有数学老师的梦——教到一个未来会成为数学家的学生。

果不其然，霍格特喜欢讨论数学。后来他们常常傍晚一起在塔科马散步聊数学问题。

有一天，伊夫斯对霍格特讲他读到雅各布·伯努利(Jacob Bernoulli)的一个问题："狄杜斯(Tithius)给他的朋友参波尼斯(Sempronius)一个三角形边长是50,50,80的土地来交换三边长50,50和60的三角地。我称这个交换是公平的。"

伊夫斯就这样定义：

【定义】两个不全等的等腰三角形$\triangle ABC$及$\triangle DEF$，我们称它们为伯努利三角形，如果有$AB=AC=DE=DF$，BC，EF都是整数，而且面积相等。

伊夫斯问霍格特怎样找这些三角形。

雅各布・伯努利

我国古代把直角三角形中较短的直角边叫做“勾”，较长的直角边叫做“股”，斜边叫做“弦”。直角三角形的两条直角边的长度 a，b（古称勾长、股长）的平方和等于斜边长 c（古称弦长）的平方，即勾股定理的公式为 $a^2+b^2=c^2$。当 a、b、c 为正整数时，(a，b，c)叫做勾股数组。

霍格特马上找出可以得出所有伯努利三角形的构建法：取任

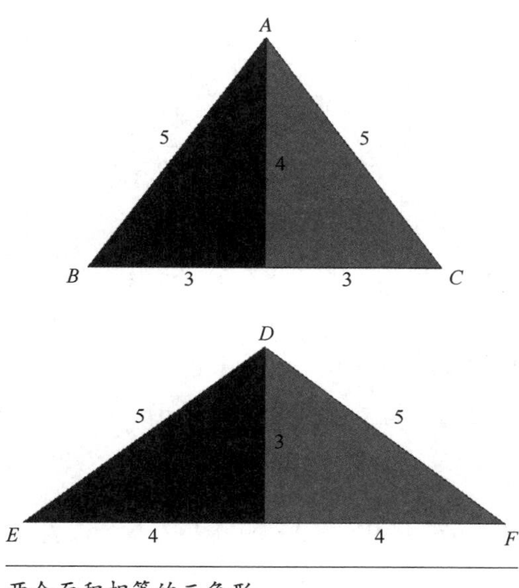

两个面积相等的三角形

正整数边的直角三角形，比方说勾股弦数组(3,4,5)的直角三角形两个，拼合而成$\triangle ABC$及$\triangle DEF$。

$\triangle ABC$面积$=(6\times 4)/2=12$及$\triangle DEF$面积$=(8\times 3)/2=12$，它们是伯努利三角形。

在《美国数学月刊》(*The American Mathematical Monthly*)中还有一个数学游戏问题：运用$+$，$-$，$\times$，$\div$，$\sqrt{\ }$，!(阶乘)的运算及4个9表达1到100的数。比方说有

$$1=9/9+9-9$$

$$1=99/99$$

$$1=(9/9)^{9/9}$$

$$3=\sqrt{\sqrt{9}\sqrt{9}}+9-9$$

$$3=(\sqrt{9\sqrt{9}\sqrt{9}})/\sqrt{9}$$

伊夫斯对霍格特提起这样的问题让他去试下。第二天霍格特给出以下的答案：

$$67=(.\dot{9}+.\dot{9})^{\sqrt{9}!}+\sqrt{9}$$

$$67=(\sqrt{9}+.\dot{9})^{\sqrt{9}}+\sqrt{9}$$

$$68=\sqrt{9}\text{¡}(\sqrt{9}!\sqrt{9}!-\sqrt{9}\text{¡})$$

$$70=(9-.\dot{9})9-\sqrt{9}\text{¡}$$

这里¡是指运算$n\text{¡}=n![1-1/1!+1/2!-1/3!+\cdots+(-1)^n/n!]$。

人们称它为子阶乘(subfactorial)。

如果不要应用幂运算和子阶乘，对67,68,70，霍格特有以下的结果：

$$67=\sqrt{9!/(9\cdot 9)+9}$$

$$68=(\sqrt{9}!)!/9-\sqrt{9}!-\sqrt{9}!$$

$$70=(9+.\dot{9})(\sqrt{9}!\ +.\dot{9})$$

$$70=(.\dot{9}+.\dot{9})^{\sqrt{9}!}\ +\sqrt{9}!$$

他说霍格特是很风趣的人。有一次他讲解数学归纳法时，给了一个例子。

“一个书架上有 100 本书。我们被告知如果一本书是红色的(red)，则它右边的书也是红色的。

如果我现在观察到第六本书是红色的，我们会有什么推论？”

霍格特举手发问：“它们都是好书吗？”

伊夫斯说：“是的。”

霍格特回答：“那么所有的书都是红色的。”

“为什么呢？”

霍格特回答：“所有的好书都会被读(read 与 red 音相同)。”伊夫斯眨眨眼露齿而笑。

在这学院里待了一年，由于俄勒冈州立学院提供了更好的薪资，伊夫斯就到那里去教书。他觉得和霍格特分手有点遗憾。谁知在开学时，他高兴地发现霍格特也跟着转学过来了。

塔科马城皮吉特湾学院在 1949 年 1 月迎来了有“和平将军”之称的张治中将军次女张素央。她在这里留学一年，直到 1950 年 10 月在父亲写信要她回国为人民服务的要求之下，结束学业离开美国。后来到中国人民大学当体育教师。1991 年移居美国纽约。

当年张素央在皮吉特湾学院时，霍格特还没有离开，可以说是她的校友。

后来霍格特创办《斐波那契季刊》，邀请伊夫斯教授做编辑。伊夫斯除了当以上刊物编辑，还是《美国数学月刊》、《数学杂志》(*Mathematics Magazine*)、《两年制大学数学刊物》(*Two-year College Mathematics Journal*)、《数学教师》(*Mathematics*

Teacher)的编辑,而他负责《美国数学月刊》的初等问题专栏长达25年。他对美国数学教育和发展有着不可磨灭的贡献。

霍格特的硕士论文是关于庞加莱模型上的双曲三角学。其内容由他和伊夫斯在俄勒冈傍晚散步时不断的讨论所孕育而成。

伊夫斯可以说是霍格特的"数学导师"。他们的关系维系了40多年。伊夫斯在纪念文章结尾处这么写:

"在数学上,弗纳是一只夜莺(skylark),很遗憾的是,我所能表达的悲伤事实是,我再也听不到这只夜莺唱歌。

可是啊,另一方面,我很荣幸的是,在这夜莺初唱时,我就听到了美妙的歌声。"

Hail to thee, blithe Spirit!	你好,欢乐的精灵!
Bird thou never wert,	你压根儿不像飞鸟,
That from Heaven, or near it,	你从天堂或天堂附近
Pourest thy full heart	毫不吝惜地倾倒
In profuse strains of	如同行云流水一般的
unpremeditated art.	心灵的曲调。

霍格特是斐波那契数协会的联合创始人。他撰写或合写了150多篇数论研究论文(主要与斐波那契数相关),并在圣何塞州立大学指导了37名学生写硕士论文。为纪念霍格特,圣何塞州立大学特设了以他名字命名的奖学金。斐波那契数协会宣布每年为圣何塞州立大学弗纳·E.霍格特奖提供资金,该奖项每年颁发给具有最佳研究潜力的数学系学生。

[附] 我的"垃圾"是你的宝藏

我有个好朋友是木匠,我到新加坡都会去探望他。在他的客厅里有一个用玻璃框裱好的字"博爱",上面题款是"孙文"。

最初我以为这是他去台北故宫博物院参观后买回来的复制品，不怎么在意。

他看我对这字无动于衷，就说："你以为这是复制品吗？这是真迹，是孙中山先生在新加坡题赠给一个帮助中国革命的华裔的墨宝。"我好奇地问："你怎么得到这个宝贝呢？"他说："我是从垃圾桶捡来的。"

我以为他是在开玩笑。他解释了得到这文物的经过，的确是从垃圾桶得来，而且得到时全不费功夫：

有一次，他被请到一个新加坡的有钱人家去修理一些古董家具。工作完后，他把一些木屑废料倒进垃圾桶，发现桶里有一卷宣纸，他好奇地打开一看，不禁叫起来："好呀！这是孙中山先生的字。主人却把它当垃圾丢掉！"于是他就把这个东西与工具箱放在一起带回家了。

朋友解释他工作的这家主人是第三代的华侨。这份中山先生的墨宝相传是主人的爷爷时代得到的。第二代可能还当作传家宝看待，可是第三代的孙子受的是英文教育，对中国历史完全不了解，数典忘祖，因此就把这个珍贵文物当垃圾丢弃了。

这种情形在新加坡很普遍。创办厦门大学的陈嘉庚先生的孙子在回厦门大学参观时感慨地说，他们家族百分之七十的成员是受英文教育，不懂华文。

我这几年把我的大部分藏书捐给学校和另外一所当地私立学校以及朋友、同事。去年还送走了 4 000 本左右关于电子计算机的书籍给图书馆和我的学生。

有一次我把一纸袋的关于拓扑学的书籍送给一个数学系的同事。他惊喜地说："你的垃圾是我的珍宝。"我对他说："你说错了，这些都是我的珍宝，不是垃圾，但我想我以后不会在这方面做研究，这些东西对您可能还有用，所以宝刀送给英雄。"心中虽然不舍，但要学会赠予出去。

美国加州大学圣巴巴拉分校数学系有一个著名的华裔数学家,名字叫樊𰋀 (Ky Fan,1914—2010),曾任台北"中研院"院士和"中研院"数学研究所所长,1932 年秋入北京大学数学系,姑父冯祖荀在北京大学任数学系主任,他在 1985 年正式从圣巴巴拉分校退休,退休后为了帮助中国发展数学,把自己 40 余年珍藏的数学书和杂志,除少量自己常用之外,其余全部捐献给大学图书馆。过了一段时间,到 1993 年,他还飞到北京想看看他的这些宝贝怎么处置了。结果他惊讶地发现这些书被堆积在一个角落的地上,令他心中不是滋味——我的宝贝是你们的垃圾!

听说他回来之后心情就像一个父母把他们所疼爱的孩子交给认为可以信托的人去照顾,结果却发现孩子像《悲惨世界》的小柯赛特那样被虐待做苦工,令他悲痛不已。

我以前对数论很感兴趣,收集了许多很好的解析数论和代数数论的书、杂志及论文。其中有一本是 1955 年在日本举办的国际数论会议的会议记录,里面有当时参加者的照片,还有谷山丰(Yutaka Taniyama,1927—1958)的论文。就是谷山和他的朋友志村五郎(Goro Shimura,1930—2019)提出著名的谷山-志村猜想,可惜不久他就自杀了。后来英国数学家怀尔斯(Andrew Wiles)基本解决了谷山-志村猜想,困惑数学家 358 年著名的"费马大定理"才被证明。

这本书我都舍不得给我最敬爱的华罗庚教授及陈景润、潘承彪教授。最后,我送给了办公室隔邻的埃德加(Hugh Edgar)教授。他是一个真正的数学家,每天早上 3、4 点就在办公室做研究,中午 12 点之后就打羽毛球,晚上也在办公室工作到 10 点才回家。已经坚持 20 多年了。

我称他为"叔叔"。他搞的是代数数论。这位埃德加叔叔看到我送书给他,眼睛发亮,他说:"哇,你有这本好书,怎么不早跟我说?其中很多珍贵资料是今天无论用多少钱也无法买到的,你真的要给我吗？我找了几十年都找不到这书。”后来他面露忧色：“孩子！你是不是快要死了！对不起，我这样直接问你。为什么你把你珍藏的书到处送人？请你坦白回答我。”

我们这幢建筑物中已经有8位教授先后得癌症过世了。不久前我常腹泻，而且淋巴结肿大，最初也以为自己得了癌症，还好上帝希望我留在人世间多做点事，不要我这么快到天堂去，结果虚惊一场。因此他会这么问我。

我回答说：“我身体除了高血压外还好。我只是觉得我不会再在数论方面做任何研究，这些书籍和资料就给一些对他们有用的人。我希望还能多活几年，做我的数学史和图论的研究。”

很可惜不久之后，他得了帕金森病，手不断颤抖，不能教书，回到加拿大温哥华去了。而我也在10年之后跟他一样，手也颤抖，结果申请提早退休。但是能在原校教5年课(是一半的课程)。

后来我和埃德加教授10年没通音信。2008年2月20日，我问系秘书有他的近况吗？很高兴知道他的帕金森病好转，而当年1月他还到美国圣地亚哥参加数论会议。我对这些身残而继续探索真理的人充满敬意。

4 一个有趣的数学问题

今天我想介绍一个与有理数有关的问题。令 **Q** 是有理数集合，即所有形如 $\frac{p}{q}$ 的数，这里 p、q 都是整数，$q \neq 0$。

【定义】 一个有理数 $\frac{p}{q}$ 称为既约有理数，如果 $\mathrm{GCD}(p, q)=1$。

例如，$\frac{2}{3}$、$\frac{4}{1}$、$\frac{5}{8}$等都是既约有理数，而$\frac{4}{6}$不是，因为 $\mathrm{GCD}(4,6)=2$。我们可以把$\frac{4}{6}$去掉它们的最大公约数 2，简化为既约有理数$\frac{2}{3}$。

2018 年 2 月，数学刊物《数学地平线》(*Math Horizons*)有这样一个问题：

给出任意 $\frac{a}{b}$、$\frac{c}{d}$ 为既约有理数，可以通过变换“→”，把它从 $\frac{a}{b}$ 转变成 $\frac{c}{d}$。

这变换“→”是这样定义的：

$$\frac{a}{b} \rightarrow \begin{cases} \dfrac{a+1}{b}, & \text{当 } \mathrm{GCD}(a+1, b)=1, \\ \dfrac{a+1}{b} \text{ 的既约数}, & \text{当 } \mathrm{GCD}(a+1, b) \neq 1, \end{cases}$$

或者

$$\frac{a}{b} \rightarrow \begin{cases} \dfrac{a}{b+1}, & \text{当 } \mathrm{GCD}(a, b+1)=1, \\ \dfrac{a}{b+1} \text{ 的既约数}, & \text{当 } \mathrm{GCD}(a, b+1) \neq 1。 \end{cases}$$

【例 1】 将$\frac{2}{3}$转变成$\frac{3}{2}$。

我们有以下的变换。

$$\frac{2}{3} \rightarrow \frac{3}{3}=\frac{1}{1} \rightarrow \frac{2}{1} \rightarrow \frac{3}{1} \rightarrow \frac{3}{2}。$$

【例 2】 将$\frac{2}{3}$转变成$\frac{4}{7}$。

$$\frac{2}{3} \rightarrow \frac{2}{4}=\frac{1}{2} \rightarrow \frac{1}{3} \rightarrow \frac{1}{4} \rightarrow \frac{1}{5} \rightarrow \frac{1}{6} \rightarrow \frac{1}{7} \rightarrow \frac{2}{7} \rightarrow \frac{3}{7} \rightarrow \frac{4}{7}。$$

【例 3】 将$\frac{8}{13}$转变为$\frac{5}{7}$。

$$\frac{8}{13} \rightarrow \frac{8}{14}=\frac{4}{7} \rightarrow \frac{5}{7}。$$

【例 4】 将$\frac{5}{7}$转变为$\frac{8}{13}$。

$$\frac{5}{7} \rightarrow \frac{5}{8} \rightarrow \frac{5}{9} \rightarrow \frac{6}{9}=\frac{2}{3}$$

$$\rightarrow \frac{2}{4}=\frac{1}{2} \rightarrow \frac{1}{3} \rightarrow \frac{1}{4} \rightarrow \frac{1}{5}$$

$$\rightarrow \frac{1}{6} \rightarrow \frac{1}{7} \rightarrow \frac{1}{8} \rightarrow \frac{1}{9}$$

$$\rightarrow \frac{1}{10} \rightarrow \frac{1}{11} \rightarrow \frac{1}{12} \rightarrow \frac{1}{13}$$

$$\rightarrow \frac{2}{13} \rightarrow \frac{3}{13} \rightarrow \frac{4}{13} \rightarrow \frac{5}{13} \rightarrow \frac{6}{13} \rightarrow \frac{7}{13}$$

$$\rightarrow \frac{8}{13}。$$

【动脑筋问题】 请对不同系数 $p=2, 3, 5, 7, 11, 13$ 定义 $t\left(p \rightarrow \frac{1}{p}\right)$ 即最短路径长度，即最少要用多少变换"→"使 $\frac{2}{1} \rightarrow \frac{1}{2}, \frac{3}{1} \rightarrow \frac{1}{3}, \frac{5}{1} \rightarrow \frac{1}{5}, \cdots$？

例如 $t\left(2 \rightarrow \frac{1}{2}\right)=2$，因为

$$\frac{2}{1} \rightarrow \frac{2}{2} = \frac{1}{1} \rightarrow \frac{1}{2}$$，要两个变换。

$t\left(3 \rightarrow \frac{1}{3}\right)=4$，因为

$$\frac{3}{1} \rightarrow \frac{3}{2} \rightarrow \frac{3}{3} = \frac{1}{1} \rightarrow \frac{1}{2} \rightarrow \frac{1}{3}$$

你要证明：对于任意正有理数 $\frac{a}{b}$ 及 $\frac{c}{d}$，可以找到有限步骤的变换把 $\frac{a}{b}$ 变成 $\frac{c}{d}$。

读者如果能解决这问题，请寄答案到 sinminlee@gmail.com 或 lixueshu18@sina.com。

我会在以后的文章介绍你的方法。很可能你解决这问题之后，会引导你走上成为数学家的道路。

5 向“春蚕到死丝方尽”的老师致敬

有求皆苦，无求即乐，判知无求，真为道行。

——佛经

2019 年 2 月 13 日，我看安徽卫视报道，在(江苏省)淮安市盱眙县河桥镇有一个瘫痪的前师范生，坚持在床上 20 年辅导家附近的留守儿童读书。

他名叫叶海涛，现年 40 岁，原先在淮安师范学院读书，因患强直性脊髓炎而瘫痪。他 20 年辅导了 300

叶海涛辅导留守儿童读书

多名儿童。家长要给他辅导费,他不收,他说:"孩子的笑容给了我力量。"

看他躺在床上,侧着身子在小黑板上讲数学,我不禁流下了眼泪。

他说:"这些孩子大多数是留守儿童,他们学习上遇到难题,也没地方去请教。"

他辅导过的学生,有的上高中,有的上大学,他办的留守儿童关爱点,就是通过社会把他的爱心传递出去。

他新年的愿望是:"希望身体不要恶化,更希望很多留守儿童得到更多的关爱。"

我想到在2017年,台湾师范大学的许志农教授送给我一本他作为顾问的《数学新天地》杂志(2003年9月)。在这杂志的封底有一张漫画,是发行者龙腾文化事业股份有限公司为了感恩数学老师在教师节的祝福。

这可以说是台湾中学数学教育的写照,教室的黑板两边贴上"轻松学习,快乐成长"的标语。老师有3个分身:右边站在门后的老师吓得哭泣,全身发抖站不稳;中间的老师在翻书,抄写勾股定理的证明;而最左边的老师愤怒地责骂学生。

教室里的学生没有人专心听课,或是在猜拳,或是传纸条,或是低头讲话,或是"梦见周公"。

漫画的上面写着:"老师,您辛苦了!我们知道您常常为了教学伤透脑筋……"这几行字。而下面是"感恩的季节……祝福您教师节快乐"。

我在2019年1月到台湾一所师范大学演讲时,见到一位老朋友及合作者,他告诉我要申请提早退休,并准备移民海外。我再看一位教授,他的夫人曾在大学毕业后与我一起做研究,是一个很优秀且极有天分的学生。我询问她的近况,吃惊地得知她这二十年来在中学教书,越教越不快乐。他告诉我主要的原因是现在学生

数学教师节快乐的一张漫画

不用功，她教学没有成就感，而他担心她会患抑郁症。

我离开他的办公室，准备去演讲厅设置要用的电脑及摄影投影器材。刚好经过我老朋友上课的教室，我从窗口望进去，里面有5个学生，4个男生在玩手机，1个女生伏在桌上睡觉。而我的老朋友则是背对着学生在黑板前证明一个定理。我马上知道为什么我这朋友不想再教书的原因了。

我记起我的好友、香港大学的萧文强教授在2001年4月寄给我一篇《游泳和数学》的文章，其中一段是这样说的："说到底，不少人对时下学风摇头叹息，一是见到很多年轻人只顾自己不顾别人，态度不认真。在学业上表现出来，是上课时迟到早退，谈天说地或接听手提电话，下课后不做功课或不经思考地抄功课，考试时因小事缺席却于事后要求个别补考。有些人说那是因为学生不重视课堂学习，或者觉得课堂学习沉闷，或者干脆觉得课堂学习了无意思，才会有这样的表现吧。"

我对一位数学杂志的编辑大姐谈起我发现的令人担心的学风现象。她说她曾经替一位要出差的教授在一所著名的大学代课几天，结果发现学生的素养和她十多年前时完全不一样：上课真的是不听，对老师讲课视若无睹，我行我素玩手机；而且糟糕的是图书馆有很多好书，他们也不会去借来阅读。

我有一个好朋友叫赵青，是女物理学家，她是用实验帮助证明杨振宁和李政道的宇称不守恒定律、而使他们获得诺贝尔奖的著名物理学家吴健雄(1912—1997)的高足。吴健雄参与美国绝密的"曼哈顿计划"，参与"原子核的分裂反应"实验，是该绝密计划中的唯一华人女物理学家。赵青原先在台湾大学念数学系，后来留学伦敦念物理，以后又到美国哥伦比亚大学跟吴健雄学物理。

吴健雄

赵青性格强悍，吴健雄把她当女儿照顾，不希望她嫁给美国人，要她嫁给华人，而她却偏喜欢吴健雄的一个美国博士后，这位美国人恰好也是性格特立独行的人。她与男朋友结婚，令吴健雄很失望。

后来这对夫妇来到加州。女的在 IBM 研究室工作，男的在一著名大学教书。他们的大女儿读小学一年级时，有一天回来，很不高兴，妈妈询问发生什么事了？女儿说，老师处罚她。

赵青等第二天送女儿上学，询问老师究竟发生什么事儿？

老师说："你的女儿很笨，我不想教她，我不想她待在我班上。"

这女孩5岁就能阅读，怎能是一个笨孩子？

老师板着脸孔说："你的女儿真笨，我给每个小孩子一张长方形的纸，叫他们折出一半，所有的小朋友都知道怎么做，要么引对角线对折，要么对折中线。可是你的女儿，却给我这样的答案(右图)：

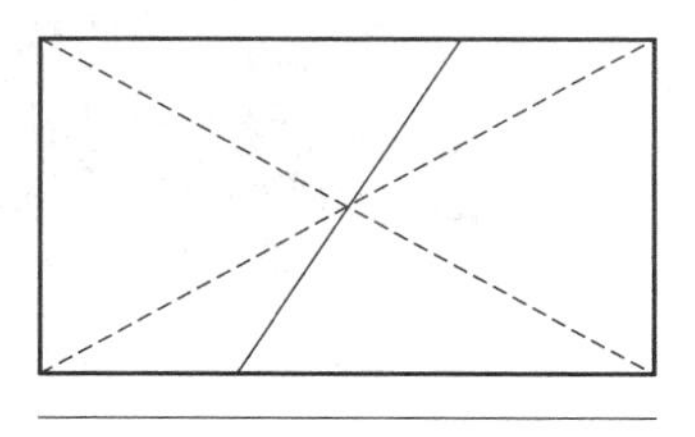

赵青女儿给出了这问题的所有可能的答案

我说她错了，她还不高兴，上课时发呆，我不想她留在教室里影响其他学生。"

那一天，先生回家看到母女两人不快乐的样子。了解是什么原因，爸爸就问女儿："为什么你说你的作法是对呢？"

女儿说："你看沿着中心随便对折，两个面都一样，因此是一半。"

爸爸没有想到，女儿给出了这问题的所有可能。然而学校老师看不出，却认为是错误的，于是他打电话问哪里有好的私立学校，不要再回去了。

他的朋友告诉他们，在他们居住的城市，有一对夫妇以前是参加美国二战时制造原子弹的"曼哈顿计划"，后来因不参与氢弹的制造工作，丈夫被认为对美国不忠心，不能回大学教书。而太太开一所私立小学教孩子。事实上，他们是有良知的科学家。看到自己的研究成果成了杀人武器，不想再参与制造氢弹，而选择离开他们的原先工作。其中有一个他们的朋友寒春(Joan Hinton)，1946年离开美国，到延安养育奶牛，以后老死中国，从一名核物理学家最终转变成了一名闻名遐迩的农学家。

赵青第二天带女儿去这位M夫人的学校。结果不但让女儿

寒春

在那里上课,以后6年还协助夫人教学做义工。

等到女儿念中学,赵青才出来工作,到女儿念大学时,我这个朋友觉得应该把她从M夫人那里学来教孩子的方法传授给未来的数学老师。于是,她毅然向我执教的圣何塞州立大学数学系建议她要开一年的课,给未来的数学老师传授数学方法。

我校最早是加州150年前的师范学院前身,且仍然是培养加州数学师专的学校。数学教育部门每年获得联邦政府及州政府的大量财政资助,在里面的教授被其他做科研的教授讽刺为"吃香喝辣,不懂教学,尸位素餐的人"。

数学系答应赵青的建议,但给她不是教授级的待遇,只是外来学者的微薄薪水。她的丈夫支持她去大学任职。而她向IBM研究部门申请停薪留职一年。

赵青像所有的理想主义者一样抱着天真的想法,以为自己可以提升未来教师的数学教学能力。可是很快她的热情被冷酷的现实浇灭了:学生的素质不高,连台湾普通中学生都懂的平面几何知识都不具备。(她忘了美国几十年的"新数学教育"把平面几何大部分的内容删除掉。)学生只想获得一张数学教育文凭,对数学并不感兴趣。

有一年,以前在台北北一女中教过她的数学老师徐道宁(1923— ,后来留学德国格丁根大学,是第一位台湾地区的女博士,一生奉献给数学教育)来美国省亲,在赵青家里过夜。赵青邀请我去聚餐,并介绍我认识这位老前辈。

赵青说:"看到一些没有能力的人,又不好好学习,让我很生气，觉得我的所有努力都白费了，回家之后不想这些不快乐的事儿，我用刷子去刷地板，我去屋外的橘子树，拣了一些橘子做橘子酱，用这方式忘记不快。我相信你教计算机也应该有类似的情形。”

电影《数学女斗士——徐道宁》的海报

我回答：“是的，我许多学生认为取得计算机学位就是金饭碗，对读书并不认真，而且有些还投机取巧，小考时作弊。我训练许多大学生和研究生，并给他们课外的研究课题，训练他们做研究。很可惜，这些学生写了一两篇论文之后，毕业不再做什么研究，而且再没有联络。我和你一样，觉得自己是撒种子，都撒在石头上白费力气。我回家之后只有在院子里种菜，看到蔬果的生长时，心里才感到舒服。”

她说：“我告诉你，今天发生了一件令我气愤的事儿，几个成绩差的学生向我要分数，要我让他们在学科上及格，其中一个美国学生更穷凶极恶，他看到我拒绝他的要求，竟然出言不逊：‘你这个亚洲女人不要太得意，我投诉你种族歧视，不会教书，让你滚蛋，你不必在这里教书。’

他不知道我是特聘教书，而且我在 IBM 工作的薪水是这里的 7 倍以上。我说，我请你离开，如果你再这样嚣张，我把你的威胁向校方报告，你可能要被开除，而且你可能还会拘禁，罪名是对教师人员人身威胁。”

徐老师关心地问，结果怎么样？

“他凶？我比他更凶，结果他逃走了，可是我回家之后气得拣橘子,煮橘子果酱。老李,这里两罐橘子酱送给你。”

徐老师说:“赵青和小李，这些人色厉内荏,让我们不要因为不正之风而失望。我想与你分享一点人生的体会,圣经里说‘无求有求’,有求是对自己要尽自己的责任,你要在工作岗位上把工作做好,要有对理想的执着和用毕生的努力造福他人。可是对别人要有‘无求’,人在上帝创造之后就有缺陷,许多人是不完美的,因此对别人不要求完美,但是却不是说你无所作为。我们还是要嫉恶如仇,从我做起,把自己做一个好榜样,设法影响更多的人,移风易俗,让这社会和世界变得更好。”

这是20年前发生的事儿,我现在记忆犹新。老教授现在96岁了,住在养老院,许多以前的学生都来看望她。我的老朋友赵青也和先生在15年前去住养老院,先生把他的所有科学藏书送给斯坦福大学。他们的行为影响了我,我也在退休之后把我的藏书捐赠给中国的大学。

让我们对别人怀有爱心,那样世界会越来越好,人类会逐渐进步。相信善终将会战胜恶,不要失望。

2019.2.17

6 记一位希望与我合作研究但从未有机会的朋友

傻瓜做研究,智者剥削他们。

——威尔斯(H. G. Wells,1866—1946)

S是我校数学系的讲师,50 多岁。可是身体极差,秃头并患有糖尿病及高血压,为有效地控制血糖和血压,他每天服用 10 种药物。

他原在美国一所名校做一位著名数学家的博士研究生,可惜他的博士论文不被教授认可,没有获得博士学位。他心里受打击太大,不再找另外的导师,也不再做争取博士学位的考虑,来到我校做一个收入低微的讲师,一做就做了 26 年。

讲师的收入不高,他也在另外一所学院兼职,并且教学任务繁重,教的都是那些商业专业学生的数学或者一些高中数学基础太差、进入大学要补的高中数学课程。

他有一次听我在系(那时数学和计算机是合并的)里做与我的研究结合的数学史通俗演讲之后,跑来找我说很喜欢我搞的数学。

他知道我在法国做研究,在几位布尔巴基学派的大师的帮助之下学习数学。他说他以前也是搞近世代数的理论,只是工作繁重身体不行,就停止下来。他想有机会可以和我一起研究,学习我创立的数学理论。

可是他讲过之后,却没有再来找我。我自己也忙,没法督促他与我一起研究。我是采取姜太公钓鱼的态度:"愿上钩者自来。"要和我做研究,就自发来找我,我不想勉强别人来做。因此这20多年里,虽然他会来找我聊数学以及数学家的一些事迹,但从来没有和我合写过一篇论文。

博士论文的失败,想来对他的打击很大,他觉得自己不行,不能再做研究。虽然我几次向他说明我能指导完全没有基础的大学生做出一些新的发现及发表一些论文,虽然他有很好的训练,可是他却从来不敢尝试做一些研究。

我快要退休了,也想告别数学圈子,想在最后的时间与他合作一篇研究论文,欢迎他成为我的"关门门徒"。可是发现他的身体日益衰弱,只好作罢。

当时加州遭受严重金融风暴。州政府没有钱花在教育上,大学教育经费削减,虽然教授工会和政府定下约定不能开除教职员工,可是我们教职人员都被迫自动"不取薪休假",我每个月的薪水少了近500美元。

大学生学费要增加30%。而本来有一些经费给程度差的学生补英文和数学课,如今都取消,这些课的讲师无书可教,系主任很头痛怎么给他们安排课程,可以预见不久就会有大裁员的举动。

S忧心忡忡,怕教了26年的职位也不能保。他曾告诉我,由于收入低,又生活在生活水平高的硅谷,他结婚后不敢生孩子,就不必担心孩子教育费用问题,可是却要担心"老来无所养"。

我们的退休基金也在这几年的经济风暴的侵蚀下,少了45%

以上。

他是真的喜欢数学的人，阅读了许多关于数学家的传记，我想他肯定遗憾自己不能成为一个数学家。

他一直以为自己不会有发现，不能创新。虽然我曾尝试几次想要搬开他心中那块“我不能再有任何发现”的大石头，但是都不成功。

之后他告诉我，他在写一部小说，是关于数学家的，里面有一些我的老师 G 的影子。他希望写好后，我能帮忙看看并提意见。

我对他说我也准备在退休之后，以我的老师 G 教授的事迹写本小说，希望能像法国的罗曼·罗兰花十年时间写《约翰·克里斯朵夫》那样，把他的一生讲给不懂数学的读者。

他说他喜欢文学和写作，他在大学的主修是英国文学，但是人们对他说以后很难靠写作为生，于是他去念数学，希望以后有一个安定的教书生活，这样他就能业余写作。

他说他想写一个“坏的数学家”的小说，这个人靠盗窃他人的成果而达到他的学术地位。

我说我知道许多这类坏数学家的例子和故事，科幻小说家威尔斯说：“傻瓜做研究，智者剥削他们。”我可以提供一吨的资料给他，他可以写进他的小说里去。

他听我讲述了一些，问我为什么自己不写。我说这些人的事迹可能教坏子孙，我想还是不写的好。

有一次我谈到一位美国数学家贝尔（E. T. Bell）。贝尔是一个作家，写过科幻，我很想看贝尔写的东西。他说他有贝尔的科幻小说，并愿意借给我看。

结果他贵人多忘事，一年多还没有把书借给我。有一次，我刚好上完课回办公室，在走道上遇到他，他说他教完书准备回家，我说我们可以聊 20 分钟。

我问他身体状况怎么样，他回答还好。我问小说写得怎么样，

贝尔与其名著(中译本叫《数学精英》)

他说快要写完了。他说:“写作像白老鼠在默比乌斯曲面上跑,永远没有尽头。”

默比乌斯曲面

他说他找到贝尔的科幻小说《生命的种子和白百合花》(*Seeds of Life and White Lily*),答应下星期二来找我。

我说好,下星期二我们教完书之后,可以对他讲我创立的“平衡图标号”理论,我希望在我完全退休之后,他能和我合写一篇论文。我对他说,克拉克(Eugenie Clark)曾说:“并没有很多人对基础知识的最终权力和潜在用途感恩,这些基础知识是由隐姓埋名的研究者,穷尽毕生的精力,在不考虑金钱及物质上的回报,并且在看不到任何实际应用的情况下,一点一滴地累积起来的。"我叫他上学校网站看我放在上面的论文。

他说好,周末会去看。我希望最后能使他写出一生的第一篇数学论文。在这经济危机的凄风苦雨之下,我衷心希望我这位朋友能平安度过,不被大学解聘,还能在大学继续过日子。

今天我看到了我 2009 年 9 月 15 日写的这篇文章。我感到遗憾,我没有与 S 共同撰写论文。几年前他因癌症去世了,我仍然保留着他给我的贝尔的书。当我离开联合城时,我将所有的数学、计算机科学和英语文学书籍捐赠给中国的大学。当我看到这本书在我手中时,心里感到很难过。我没有机会阅读他关于"坏数学家"的文章,但我可能会在我的书中写下一两个这样的数学家。希望年轻一代能够看到数学界的负面因素。

2019.3.4

7 传承北大精神的平民校长

——丁石孙

我是一个像空气一样自由的人，妨碍我心灵自由的时候，决不妥协。

——丁石孙

一个人，一个国家甚至一个民族，对待数学，重要的不是公式，不是定理，而是它的方法。

——丁石孙

我最得意的一点是我当了多年的校长，学校里没有人认为我是校长，谁也不把我看成一个非常重要的人物。这是我很大的成功。

——丁石孙

概括起来说，数学不只是知识，它同时培养人的能力，提高人的素质。素质说起来就虚一点。有的同志经常说数学是美的享受，这话我就不大懂。你说数学很美，有些时候你是可以说它非常美，但我就不大体会这个美的享受对我有多大作用。数学是美的享受，这话可以说，但不能过分夸大。不管怎么说，数学是一门很特殊的科学，它能给人一种无形中的影响。记住一位数学家讲过这样一句话：今天数学教育的质量，决定着我们明天科学人才的水平。

——丁石孙

北大历史上有两位校长值得记住，一位是蔡元培，另一位是丁石孙。

——季羡林在北大百年校庆时的讲话

著名数学家、教育家、社会活动家，中国民主同盟杰出领导人，北京大学原校长丁石孙，2019 年 10 月 12 日在北京逝世，享年 93 岁。

早年求学生涯

丁石孙原名丁永安，祖籍籍贯江苏镇江，家境殷实。1927 年生于上海，是家中的老大，1941 年改名为丁石孙。他有两个妹妹和一个弟弟。大妹丁永宁后来成了新华社的著名记者。

丁石孙

出生后没过多久，丁石孙全家就回到了镇江居住。8 岁之前，丁石孙一直在家里接受教育，后来进了私塾，但只读了约两年半，1937 年 7 月爆发了“七七”卢沟桥事件，镇江的形势也开始紧张。上海失守后,全家及亲戚分几批逃难。丁石孙同父母一起逃到了汉口,弟弟、妹妹、亲戚也陆续到达汉口。由于缺乏经济来源,1938 年 5 月,全家离开汉口,坐飞机抵达香港,一周后又坐船回上海。

幼年丁石孙(前排左一)和家人的全家福

丁石孙先后考取南洋中学和上海光华大学附中,这两所学校都因为日本侵略而被迫转入租界。然而就在 1939 年,丁石孙母亲突然因病去世,父亲过于伤心,就搬了一次家。碰巧的是,新家楼上邻居是一对年轻夫妻,女方的妹妹叫秦惠箬,经常来找丁永宁玩。后来,她远赴美国,嫁给了著名物理学家李政道。丁石孙日后和李政道打交道,部分也是靠这层关系。

1940 年,家族又有好几位亲戚去世。接二连三的打击,使丁石孙在读中学时因情绪而影响了学业,一段时期甚至休学。那时的考试是比较困难的。丁石孙后来回忆说:平面几何对我来说一直比较伤脑筋,作业不大会做,考试也通不过。那时,日本鬼子闯进了租界。抗战期间,日本人强制中国学生学日语,他拒绝学,考试全靠作弊。为安全起见,丁石孙又转学到离家较近的乐群中学。

数学成绩平平,高一学平面几何都觉得难,为了应付不会做的题,他只好抄别人作业。在乐群中学,丁石孙遇到了一位数学老师，对他后来走上数学道路产生了一定影响。当时学校用的代数教材是著名的《范氏大代数》。那位老师还经常出些难题给学生做，难题取自另一本名著——霍尔(H. Hall)和奈特(S. Knight)的《高等代数》。丁石孙发现自己能解决其中的大多数难题，对自己研习数学颇有信心，但并没有确立数学为自己的主攻方向。

1944年，丁石孙考入大同大学电机系。大同大学的校长就是著名的胡氏三兄弟中的胡敦复。胡氏三兄弟有一个小妹叫胡芷华，嫁给了著名数学家姜立夫，其子姜伯驹1953年考入北大数学力学系，他的导师正是丁石孙。姜伯驹后来长期执教北大，还当上了中科院院士。这是后话。

由于不喜欢制图，1945年秋，丁石孙转到了数学系。那个时候日本已经投降。1946年，丁石孙接触到佛教，明白了要把很多事情都看穿看淡，这个思想贯穿了他的余生。

日本投降后，丁石孙开始关心政治，积极参加中国共产党地下组织领导的学生运动。他上街卖纪念章，参加读书会，还当上了读书会的负责人。

1947年初，丁石孙进入大同大学学生会。学生会里有不少是地下党，他们带领学生罢课。其中包括丁石孙在内的四人还去南京教育部参加“反饥饿、反内战、反迫害”运动，无果而返回上海。第二天，警察就来学生会抓人，丁石孙也被抓进去，经过一番审问后被放了出来。丁父怕再出事，就让丁石孙回镇江住了一个月，之后回到上海，丁石孙才知道他已被大同大学开除了。

在上海失学的一年里，丁石孙当过家教，还花不少时间细读罗素的名著《我们对客观世界的认识》《西方哲学史》。此外，丁石孙还读了冯友兰的著作，对宋明理学有了一些了解，并对禅宗产生了兴趣，“以出世之心做入世之事”给他留下较深的印象。但这个时候，丁石孙没怎么接触数学。

1948年，经过努力，丁石孙考入清华大学数学系。在他离开上海之后几周，读书会的人全被国民党当局抓了，其中有丁石孙的弟弟，有人甚至还受过刑。两周后，国民党得不到什么证据，就把他们都放了。进入清华大学后，他加入进步组织“民主青年同盟”，并担任校学生会领导，组织进步学生开展配合解放军入城的宣传活动。1949年上海解放后，丁石孙从北平赶到上海，读书会全体成员开了一次会，商量下来，大家接受丁石孙等解散读书会的提议，但相互还保持着联系。1995年，整整50年过去了，大家再度相聚于上海，谈得很开心。

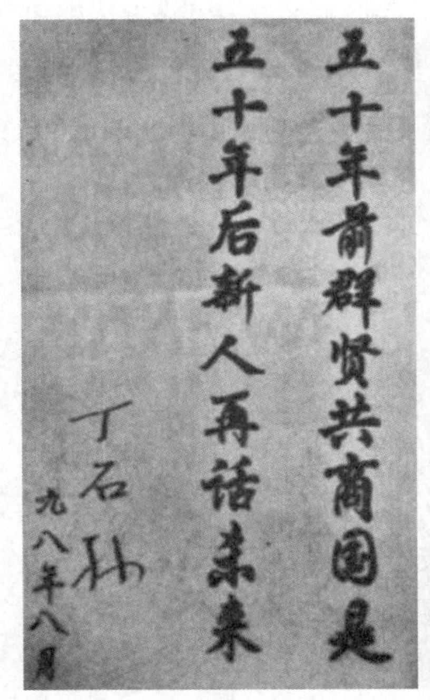

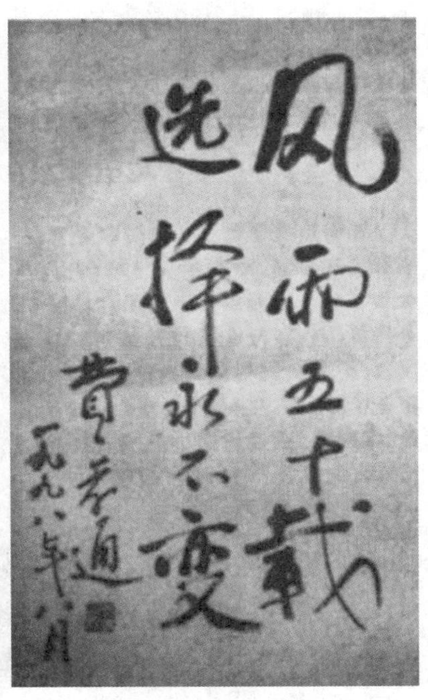

费孝通与丁石孙为纪念各民主党派响应“五一”口号50周年题词

初入数学圈

大同大学的数学比较落后，连近世代数也不教，丁石孙当时并不知道群、环、域这些概念。考清华时是考到这些概念的。所幸的是，丁石孙在参加考试途中，坐在三轮马车上临时翻看一本抽象代数的书才知道它们。

进入清华之后，就完全不同了。丁石孙不仅大开眼界，还接触到了很多有名的数学家。那个时候，读数学系的人非常少，每个班就几个人，丁石孙的同学中有曾肯成。

多年之后，丁石孙还记得他去清华报道时的情形。全校新生到体育馆报到。数学系也放了张桌子。桌子旁只坐了一个人，他就是当时的系主任、著名代数学家段学复，1955 年当选为首批中科院院士（当时叫学部委员）。丁石孙当时不知道段学复的大名，因此也印象不深。

段学复让丁石孙选课。两天后，丁石孙把所选的课告诉段学复，只要他点头就 OK 了；而且大同大学的学分清华是承认的，因此可以少选些课。那个时候丁石孙的经济比较拮据，好在国立大学不收取学费。

这时，丁石孙才搞懂什么是数学，之前在大同大学没怎么花功夫，加之那儿数学教学水平不高，连“连续”这样的基本概念也不知道。于是，他下决心恶补高等数学，一两年里可谓进步神速。

当时，清华数学系有两位教授开课，一位是段学复，一位是闵嗣鹤。另有郑之蕃先生给外系上课，他是陈省身的岳父，大妹嫁给了著名诗人柳亚子。郑之蕃为人非常好，在古典文学方面修养也极深，多有著书立说。即使退休后，丁石孙和同学还常去他家看他，特别喜欢听他讲些关于中国文化的东西。杨武之也待了一段时间，后来去了上海。

段学复讲授伽罗瓦理论，用的是世界著名代数学家埃米尔·阿廷（Emil Artin）的小册子《伽罗瓦理论》。可惜段学复的眼睛不好，每次上课时翻书总是几乎把脸靠上去，讲起来自然不甚流畅，不过板书还是不错。上课质量受影响，怎么办？丁石孙后来通过自学，弄懂了伽罗瓦理论。闵嗣鹤则给他们上复变函数，大家觉得他学问很好。

还有一个教员叫吴光磊，他上的课是射影几何。吴光磊这个人水平也很高，上课思路极为清晰、简练，学生都很容易接受。吴光磊的讲课风格得益于他对数学理论的理解。他这个人学一个东西，一定要学深；懂一个东西，一定要懂透。这些治学品质都给丁石孙留下了深刻的印象。大家都很赏识吴光磊，连陈省身和苏步青都很器重他。

1950年代初，华罗庚从美国回到清华执教，同行的还有程民德。华罗庚喜欢一边教学一边研究，当时他在清华开的课是矩阵几何，助教是万哲先。丁石孙记得，华罗庚往往喜欢拿些未经充分准备的东西给学生讲，常常因此而推导不下去，这时华罗庚就会对学生说，我证不出来了，你们证一证。这对学生来说也是一种培养。华罗庚是一位研究型学者，因此他的一些课没有考试。几年之后，华罗庚和万哲先写出了专著《典型群》。

程民德则给学生讲授最新的布尔巴基学派的东西，自己也在边学边讲过程中。他本来希望在这个过程中大家通过互相讨论共同提高，效率比一个人自学要高，这个习惯与华罗庚似乎有点像。但他高估了清华学生的能力，布尔巴基学派的数学工作实在是太艰深了。丁石孙回忆说，当初他没听懂多少。

但这些课让丁石孙感受到数学内在推演的力量，无论是数的扩充还是运算的扩充或别的，每一次这样的操作都是不平凡的，给数学带来极大的丰富。

1950年，在段学复的提议下，从北大数学系引进了一位刚从美国获得博士学位的老师，名叫王湘浩，给学生讲代数数论。王湘浩课上得很好，思路清晰，后来，他又调到吉林大学去了。

王湘浩在美国的老师，就是埃米尔·阿廷。王湘浩本人也刻苦认真。有一次，埃米尔·阿廷让王湘浩看一篇文章，这篇文章很经典，阿廷本人也给学生讲过十来遍。但王湘浩竟然发现这篇文章有错，不过只要加上一些条件，就可以纠正错误，使文章变得完整。这件事在华人数学家圈子里被传为美谈。

此外，丁石孙还选了费孝通社会学方面的课。值得一提的是哲学系的王宪钧。王宪钧是著名的数理逻辑学家。因为丁石孙读过罗素的著作，对哲学兴趣一直很大，就选了他的课。总共有四五个人选这门课，除了丁石孙，其他人都是哲学系的。后来，这些哲学系的学生觉得学“唯心主义哲学”将来恐怕没饭吃，所以就都不念了，只剩下丁石孙一人。

恰好清华图书馆只有两本教材，王宪钧借出来一人一本。后来，丁石孙干脆跑到王宪钧家里上课，每周一次，上课的形式也变成了讨论。多年以后，这依然是丁石孙美好的回忆。

1949 年，丁石孙还选修了一门逻辑课。老师是著名逻辑学家沈有鼎。沈有鼎用的是世界著名哲学家卡尔纳普(R. Carnap)的著作。由于当时这些东西被归为“唯心主义哲学”，课堂上也只有两名学生，丁石孙便是其中之一。

沈有鼎是金岳霖的大弟子，学问非常好，精通多国语言，是个古怪得可爱的人。有人说他不善理财，老是提着个箱子，里边装着书和钱；还有人说他衣着邋遢，不懂生活。沈也毫无政治嗅觉，据说挨批时也不知道别人为何要批斗他，搞得人家哭笑不得。像他这副样子反而被政治斗争忽略，从而在某种程度上保全了自己。

那时候，一些教授有个习惯，既然学生也不多，就干脆一起到茶馆或餐馆里继续讨论。沈有鼎也是那些地方的常客，他会买一碟瓜子或花生，如果哪位学生辩赢了他，他就会拿瓜子或花生作为奖赏，如果哪位学生得不到他青睐，他就会用手护住碟子说：“就不给你吃！”沈有鼎给丁石孙上的课也不例外，下午上 3 个小时，之后就请两学生去小餐馆。这个小餐馆里不少学生是常客，他们跟老板都混熟了,就建议给一些菜起奇怪的名字,比如黄小姐菜。在学习、讨论过程中,丁石孙与沈有鼎结下了友谊。丁石孙毕业后,沈有鼎有时还会找他聊天。

毕业那年,学校发了一个奖,丁石孙和曾肯成都拿到了。曾肯成天赋很高,为数学圈子里公认,后来还成了著名的密码学家,但他人生道路比较坎坷,这与他的性格也有点关系。

任教北大

季羡林之所以给丁石孙如此高的评价,因为丁石孙不仅是一位优秀的数学家,更是位杰出的教育家。

1950 年清华大学数学系毕业后,由于周培源的争取,丁石孙留校任教,一开始是当江泽坚和闵嗣鹤的助教。在清华,助教有两件任务:一是批改作业,二是要每周花点时间去图书馆值班,管学生借书。

两年后院系调整,清华数学系并入北大,丁石孙转入北大数学力学系,从此就成了北大人。

数力系在现在听上去有点奇怪,原因是那时全面学习苏联,北大以莫斯科大学为榜样,莫斯科大学有力学数学系。数力系系主任是段学复。合并后,大家关系还算融洽。

1952 年,数力系一下子招了 100 多个学生,教员忙不过来,丁石孙就被要求给学生上大课,作业也要改,还要翻译俄文书,工作量非常之大。1953 年,丁石孙和聂灵沼、王萼芳完成了斯米尔诺夫(V. I. Smirnov)经典著作《高等数学教程》代数分册的翻译工作。

1954 年,北大数力系招收了 240 名学生,其中有高中生,也有工农速成中学的毕业生。丁石孙除了讲大课之外,还讲 2 个小班的习题课(共9个班),其中一个小班是比较差的,他们没有经过小学和中学的系统训练,甚至连教科书也看不懂。于是每次讲完大课后,丁石孙晚上就把少数困难学生叫到办公室,领着他们像念课文一样念教科书。其中有些学生教科书看得实在吃力,丁石孙就逐字逐句地给他们讲解,直到弄通为止。经过几年的努力,其中一部分同学慢慢赶了上来,后来到中科院计算技术研究所搞数理逻辑研究的张景文就是其中之一。

对于基础好的学生,丁石孙也给予了特殊培养。第二学年,丁石孙组织"跑得快"的学生成立代数小组,每周活动一次。丁石孙定期从《美国数学月刊》上挑选一两篇论文让大家讨论,引导学生发散思考。丁石孙说:"这些同学很努力,思想相当活跃。"

在丁石孙的培养下,学生的科学研究能力得到了提升,一年多的时间里,写成了不少小论文。学生们还办出了自己的刊物,专门发表研究成果。

有一年元旦,学生给他寄了一封信,说在习题课上,丁老师的教学不仅仅给了很多专业上的指导,更极大鼓舞了同学们的信心——让大家意识到"这些题目原来以我们的能力都可以解决",在调动学生的学术积极性上起到了很好的作用。

除了上大课和习题课,丁石孙还负责起全年级的答疑工作。每周专门抽出半天的时间来回答学生们在学习上遇到的各种问题。

因为和同学们关系融洽亲近,大家都把丁石孙当作朋友来"咨询"。问题不限于数学课,还有生活问题,甚至恋爱问题也要来找丁老师问问建议。

当时的教师配备也很强,数学分析、几何、代数分别由程民德、江泽涵、丁石孙讲授。

中科院院士、发展中国家科学院院士、北大教授张恭庆在《丁石孙老师》一文中回忆:"从一年级下学期开始,我们年级在部分同学中成立了'科学小组'。按分析、代数、几何分成三组,分别在程民德、丁石孙和裘光明三位先生的指导下读书,读文章,相互报告并思考一些问题。根据个人兴趣,陈天权和我在分析组,张景中和杨路在代数组,马希文在几何组。到了二年级,在'向科学进军'的号召下,各个年级都成立了'科学小组',更多的老师和同学也都加入这类活动中来。每年一度的'五四科学报告会'在1956年特别增设了学生报告专场,不少同学在会上报告了学习心得,其中陈天权和张景中的成果都有创造性,后来被写成论文发表在学报上,而在这些活动中,丁先生始终是一位重要的组织者。"

这些努力使得北大数力系54级不但整体上学习较好,而且思维活跃,眼界开阔。后来这个年级涌现了7位院士(包括张景中、张恭庆、王选)和两位卫星、导弹总设计师,在我国数学史、力学史、计算机科学史上留下不可磨灭的痕迹。还有相当多的学生毕业后在各自工作中做出了突出成绩,成为各行各业的高手。

提到教书的体会,丁石孙说:"教师有热情,才会引发学生的学习兴趣。"

除了教学,1954年,北大开始开展科研工作。在段学复领导下成立了一个讨论班。大家一起研究群论,但那次时间维持不长。

1956年1月,党中央吹响了向科学进军的号角。8月,中国数学会组织了一次论文宣读大会。在提交给大会的170多篇论文里,青年数学家的比重很大。这些青年里有王元、谷超豪、夏道行、丁石孙等人,被视作未来的希望。丁石孙提交了2篇论文。本来打算提3篇。其中一篇是对正则空间的乘积空间仍为正则空间提出了反例。江泽涵经查证,发现这一结论早在1939年就被法国著名数学家迪厄多内(J. Dieudonné)得到过。

那5年,丁石孙可谓是顺风顺水,他成了民盟小组长,后来入了党,还成了家。

人生的波折

1955年，政治运动开始了。1957年，北大很多师生被打成“右派”。丁石孙虽非“右派”，但由于与“右派分子”有信件来往，1958年1月被下放到北京一个穷苦的地方劳动，直到11月才回北大；是年夏天还受了严重警告处分。丁石孙虽心里不服，可也感激别人的暗中相助。因为按当时的“标准”，他当一个“右派”是绰绰有余的，严重警告已经是很客气了。

但丁石孙并没有沉默，对于当时的一些荒唐事，他敢于站出来发表不同意见。1958年有很多张大字报针对丁石孙，说他搞科研脱离实际。丁石孙很生气，决心不再搞代数。

到1959年，政治气氛变得比较宽松了。回到北大后，系里要求丁石孙带学生搞控制论，他就答应了。此外，当时计算机也比较时髦。但计算机编程还处于初级阶段，非常烦琐。丁石孙不久就发现，要把这些东西彻底搞清楚，就必须弄明白数理逻辑，了解算法论。于是，他就开了算法的课，带领学生一起研读苏联数学家的俄文原著，那时中国还没有这方面的译著。

麻烦很快又来了，丁石孙回北大提意见的事，在1959年下半年被人抓住了“小辫子”。正巧数力系换了个领导，批判了不少教师，丁石孙也因为家里的一些所谓的“问题”而于1960年被开除出党，但经过申辩，1962年又被甄别平反，很快又恢复了党籍。

1963年，丁石孙参加了万哲先的一个讨论班，研读法国著名数学家、布尔巴基学派的创始人之一舍瓦莱（C. Chevalley）的《李型单群》，但大家没念完。1964年1月，学校派一些人到农村搞“四清”。与丁石孙同行的还有姜伯驹和周民强等。后来政治形势略为宽松。11月，丁石孙又回到了北大。

1965 年，为响应毛泽东的号召，丁石孙授命精简高等代数课，为此编写了一部教材《高等代数简明教程》。他也没想到，这本代数学教材后来评价很高。

丁石孙的回忆录

在《有话可说——丁石孙访谈录》中，丁石孙回忆道："由于时间紧迫，我只能用剪刀加糨糊的办法，从 1953 年我和聂灵沼、王萼芳翻译的斯米尔诺夫的《高等数学》第 3 卷第 1 分册中挑选内容，自己再添点东西，把前后的内容连接起来。1966 年 2 月，初稿完成。高等教育出版社准备出这本书。他们审稿抓得很紧。当月我又到了上海，住在华东师大的一座小洋房里。审稿的人有华东师大数学系主任曹锡华、北师大的刘绍学、吉林大学的谢邦杰，高等教育出版社还去了个编辑。记得审稿前后用了两周时间。在这两周里，我一边审稿，一边根据大家的意见做修改。编辑就进行编辑加工。两周后，稿子就可以付印了，效率非常高。

审稿完成之后，我回到北京继续上课。大概 4 月份，高等教育出版社通知我，他们准备将这本书拿到日本的图书展会上展览，让我认真校对一下。我认真校对了两遍。这本书刚出版，'文革'就开始了，所以我没看到新书。我第一次见到这本书是在 1971 年。当时我刚从江西干校回来，在学校图书馆见到这本书。图书馆的人告诉我，这本书在海淀中国书店当废书在卖。我就去买了一本。1974 年，总参三部要我们给他们培训一批搞密码的干部。他们送来的学生一般都是高中毕业，课要从高等代数讲起。北大数力系负责这项工作的是段学复。他建议总参三部的人去找高等教育出版社,把我写的这本书的底版要来。总参三部利用这个底版印了一批书,给他们的学员使用。

对这本书,我还是有点伤心。因为我花了很大力气,结果它没有起到应该起的作用。'四人帮'被打倒后,大概是 1978 年,教育部又想重新修订高等代数教材。我当时有点气愤,拒绝参加这项工作。最后是在这本书的基础上,由王萼芳、石生明稍作修改,改名《高等代数》出版。1988 年,这本书获得高等学校教材一等奖。我虽然没有参加修改,但后来这本书每次得奖,他们都把奖金分我三分之一。因为这本书的底子是我打的。"

1966 年 5 月,"文革"爆发了,丁石孙也挨了批斗,幸好不是很惨,也被"文明抄家"几次,后来又被关进黑帮大院,不过相比之下没吃很大苦头。

1969 年上半年,北大的武斗终于停止,往日的工作稍稍恢复。可到下半年,北大两千多人都被下放到江西鲤鱼洲的干校。名为"干部学校",实际是对机关干部、知识分子的变相劳动改造场所。丁石孙举家前往。鲤鱼洲当时是一片荒地。虽然条件很艰苦,但没什么人管,大家倒也相处得蛮愉快。他被分到种菜班,每天干农活,挑粪桶,给菜上粪。儿子丁诵青在干校读小学,干的活也是种菜。

丁石孙的侄子丁明在发表于《新民晚报》的一文《我的大伯丁石孙》中说:"上世纪 70 年代初,伯父曾在江西有一段艰苦岁月。他先是住在鲤鱼洲荒地的草棚里种菜,后到德安化肥厂担任司务长(食堂采购员)。在鲤鱼洲时,他一家三口分在三个连队,半个月才放一天假,团聚一次,到附近小镇上买点糖果给儿子吃就是一种奢望了。在德安化肥厂,伯父每天早上推着两轮车走三里地到城里买菜。如果当天能买到一块豆腐,那是一件喜事了!在这期间,我家也遇到难事,生计几无着落。大伯父闻讯后,寄来 15 元。母亲得知大伯父收入也就每月 45 元,三口之家不容易,就把钱退了回去。大伯父又寄了过来，并来信安慰我们，生活再苦也不能使孩子们成长受到影响。我母亲读信时，忍不住感动得流下热泪。这期间，即使在伯父收入每月生活费只有 20 元时，照旧寄来 15 元，直到我家状况好转。”

1971 年，北大干校撤销，丁石孙才最后一批离开，回到北大。

丁石孙后来回忆道：“‘文化大革命’中让我去劳动，劳动本身是有益的，所以我在劳动中非常认真，监督劳动的工人和我变成了朋友。后来我当了北大校长，我们仍是很好的朋友。我还在‘五七干校’做过饭。那时我天天挑着担子去买菜，要是哪一天能买到豆腐或是好吃一点的东西，我会非常高兴。因为做饭本身与我遭受的不公平是两回事。所以，只要让我做一点事，我就要认真地把它做好，并且能够从事物本身当中寻找到乐趣。”

数学的应用

1972 年，数力系成立了一个应用数学组，专门搞数学的应用。丁石孙和段学复都参加了。丁石孙和组里其他几个人到棉纺厂推广正交设计。正交设计主要是解决在多种不同方案要做实验的情况下，如何安排可以使实验次数做的较少的问题。这种办法是日本统计学家在 1960 年代初提出的，理论不深奥，也比较实用。那时大兴数学应用之风，华罗庚在推广优选法，优选法在理论上比正交设计简单。

这些数学应用方面的工作，其实有点雷声大、雨点小，这不是数学本身的问题，实际情况比较复杂，不是说数学一定就可以很方便地用上去。但就在几乎同时，总参三部的人找到了数力系，他们需要数力系给他们开一个短期培训班，这个东西就比较有含金量了。

原来，他们对密码学很有兴趣。传统的密码学使用的是概率方法。到了 1970 年代，电子通信发展很快。国外开始用线性移位寄存器加密，其用到的数学知识不是概率，而是代数。1974 年左右，总参三部的人找到段学复，希望北大给他们办个短期培训班，教授代数知识。丁石孙给他们上课，学员有三四十个。他们学习努力，也很尊重老师。这给丁石孙留下深刻的印象。后来，他们成了国家密码学方面的骨干。

面对数学系"难题"

1976 年，"文革"结束了，北大也开始恢复正常的教学科研秩序。这个过程复杂而漫长，丁石孙做了很多工作。总体上说，大家意见还比较一致。1978 年，数力系分为数学系和力学系。

党总支书记黄槐成向《中国新闻周刊》回忆，"文革"结束后，北大数学系里面对的一大难题，是如何对待工农兵学员与"造反派"出身的教师。当时，教师队伍"断代"，"文革"前业务水平高、教学经验丰富的老教师人数不足，毕业留系的工农兵学员业务水平多数不能满足教学需求，当过"造反派"的教师大多在运动中伤过人，老教授对他们很反感，希望能把他们清除出去。

时任数学系副系主任的丁石孙很慎重，他自己挨过整，但觉得如果简单地赶人，会把他们推到对立面。他希望能给这批年轻人第二次机会。

最后系里商议决定，允许这批教师两年内不授课，并帮他们制定教学计划，重新进修。进修过程中，多数人跟不上，主动申请调走，少数人申请转为行政岗位，个别人最终考上了系里的研究生。这种豁达开明的处理方式，使数学系的工作早于全校步入正轨。

1978 年，北大数学系开始招生。那时的数学本科生教育有所谓"三高"的说法，即高等代数、高等几何、高等数学(微积分)。这一传统说法流行多年,但数学的发展使大家觉得应该有"新三高"来替代这些学科,即抽象代数、拓扑学、泛函分析。聂灵沼和丁石孙合招代数数论方向的研究生。这时,丁石孙发现有一门课很重要,叫交换代数。有本刚出版的书值得参考,它就是英国著名数学家阿蒂亚(M. Atiyah)和麦克唐纳(I. MacDonald)的《交换代数导引》。

丁石孙等翻译的代数学经典名著

不得不提的是荷兰数学家范德瓦尔登(B. L. van der Waerden)的《近世代数》,后来改名字叫《代数学》,被公认为现代代数学教材中的No. 1。因为这本书代表了代数学的一个新阶段,它一开始就认为代数不仅研究数的运算,而是主要研究代数结构。此书一出,立即风靡世界数学界。

在该书中,范德瓦尔登总结了代数学在20世纪头30年所达到的高度,即系统地阐述了自己的老师、德国女数学家艾米·诺特(Emmy Noether)的学派的工作。诺特对抽象代数的开创性研究深刻影响了20世纪代数学甚至整个数学的面貌,还影响到了物理学。她被誉为"抽象代数之母","有史以来最伟大的女数学家",希尔伯特、爱因斯坦都给予高度评价。可以说,从19世纪初阿贝尔、伽罗瓦的研究使得代数结构的思想初露端倪,一直到诺特手里终于达到成熟完善的地步。

清华、北大的特点是紧跟国际潮流,一直具有立足世界、开创未来的眼光。早在1940年代,丁石孙在清华数学系学习代数学,用的教材就是范德瓦尔登的。这本书出了好几个版本,起初一直叫《近世代数》,1960年代的第5版就直接叫《代数学》了。这并非作者之“狂”，打个比方说，在 19 世纪之前，代数学尽管也不乏大师，但代数学尚处于“冷兵器”时代，从阿贝尔、伽罗瓦开始，代数学家开始研制“热武器”，到诺特时代终臻于完善。在热武器面前，冷兵器的力量一般总是显得太弱了。

丁石孙和几位同事就把这第 5 版译出来，这是他对中国代数学的大贡献。先译的是上册，后来才把下册也翻译出来，分别叫做《代数学Ⅰ》《代数学Ⅱ》。1981 年，丁石孙又开了代数学这门课，听课的人非常多，大概有 60 多人，除了北大学生，也有来自其他科院高校的。

当时周培源是北大校长。在他的主持下，丁石孙从讲师破格提升为教授。

1980 年，段学复以年纪大为由辞去了系主任，丁石孙被高票选为北大数学系主任。1981 年，丁石孙还当上了新中国第一批博导。

那时丁石孙和聂灵沼写了本《近世代数》，此书后来于 1988 年出版，正式名为《代数学引论》，是一本非常经典的教材，评价很高，以至于一提到中国人自己的代数学教材就提到这本书。《代数学引论》在全国高等学校优秀教材评选中被评为国家级特等奖，现在还在不停地印刷。

丁石孙等编写的优秀教材

出国访学

1980 年，受美国教育协会之邀，丁石孙等人到加州伯克利参

加年会。这是他第一次出国。在伯克利,丁石孙见到了不少来自北大的留学师生,其中有被公认为天才的马希文,当时在斯坦福大学学习。华罗庚也去那里做了个报告。之后,丁石孙到斯坦福大学参观,遇到了著名华人数学家钟开莱,他水平很高,但脾气也不小,做学生时跟华罗庚闹掰了,改了方向学概率统计。在斯坦福,丁石孙还见到了年轻而前途无量的丘成桐。此外,丁石孙还受邀到在加州大学圣巴巴拉分校任教的樊𰒨家中去做客。

1978年后,中国加快了向国外派遣留学生和进修人员的步伐。选派者也不一定非得年轻人,其中就有丁石孙。1982年,在陈省身的建议下,哈佛大学著名数学家格里菲斯(P. Griffiths)到北大讲课。在得知丁石孙即将赴美进修,格里菲斯答应帮他联系,两三天后,哈佛大学数学系的邀请函就发出了。

1982年11月,丁石孙辞去系主任一职,去美国哈佛大学做访问学者。到美国第二天,他就去了洛克菲勒大学,见到著名华人数学家王浩。之后就去了哈佛,格里菲斯派了一名学生到机场迎接。

当时哈佛数学系的主任是芒福德(D. Mumford),菲尔兹奖得主。丁石孙发现那里的数学系很不错,行政也比较简单。

有一次,丁石孙正在图书馆看书,进来一位老者,向他打招呼,此人名叫伯克霍夫(G. Birkhoff,1911—1996)。两人攀谈起来。丁石孙说大学时读过他的代数书。就这样两人交上了朋友。伯克霍夫经常出差,一走就好几个月,因此把办公室让给丁石孙用。

1983年4月2日,丁石孙在哈佛大学伯克霍夫教授的办公室

格里菲斯也十分照顾丁石孙,觉得他钱少,就给了他

2 000 美元，在当时是不小的数目。

在哈佛，丁石孙结识了一位代数数论大专家马祖尔（B. Mazur），听了他关于椭圆曲线算术的课。椭圆曲线当时是很前沿的内容，马祖尔也是怀尔斯（A. Wiles）的同行，合作过论文，怀尔斯后来就是用这套方法于 1994 年彻底解决了历时 350 多年的费马大定理。

另一位齐名的教授是泰特（J. Tate），他有个学生叫西尔弗曼（J. Silverman），精通泰特的计算方法，当时在麻省理工学院。马祖尔后来把西尔弗曼找来，西尔弗曼把泰特计算方法的文章复印给了丁石孙，在格里菲斯的支持下，丁石孙可以使用机房计算。

1983 年 9 月，丁石孙选了两门课。一门是椭圆曲线，由西尔弗曼讲；另一门是代数几何，由格里菲斯的学生讲。由于都是基础课，老外讲课很有耐心，循循善诱，丁石孙觉得不难。

但是椭圆曲线对于中国人来说还是新鲜事物，丁石孙后来回国就开了这门课。

1983 年，北京大学校长面临换届，校领导商量提拔哪个系主任进校领导班子，大家意见比较一致，都觉得丁石孙把数学系搞得很好。之后，北大进行了一次民意测验，请大家填写校长人选，丁石孙是得票数最多的人。随后，校方将意见上报教育部。1983 年 10 月，在美国的丁石孙得知消息，自己即将被任命为北大校长。1983 年 12 月 31 日，丁石孙回到北京。

校长之责

1984 年 3 月，57 岁的丁石孙上任北京大学校长。在就职讲话中，丁石孙说：“一般的说法，叫新官上任三把火。我没有三把火，我在北大工作了这么多年，火气早没了。同时，我也认为，中国的事情比较复杂,不是靠三把火能解决的。我只希望能够做到,下一任校长接任的时候,比我现在接任的时候,条件要好一点。这就是我的目标。"丁石孙承诺,上任3个月内不进行任何改革,先把现状了解清楚。

丁石孙与当时教务长王义道商谈学校工作

曾任新华社资深记者的妹妹丁永宁回忆大哥:"以前,我很难看到哥哥的笑脸。一会儿'反右',一会儿'反右倾',一会儿'文革',折腾极了。我看着他都觉得心疼。自从他当上了北大校长,我觉得他很阳光,意气风发,准备大干,好像春天进入了他的心里,属于他的时代来了。"

丁石孙强调从严治校,但希望能给学生营造宽松的成长环境。在与任何人谈话的时候,丁石孙都会把话听完再来表达自己,不管对方说的观点他是否赞同,也不管对方说的话题他是否感兴趣。这不仅体现了修养,也体现出他的一种民主作风——尊重每个人表达的权利。

"大学没有一定的规则和约束就没法进行管理,可学校的产品是人。个人的特点又不相同,如果我们总用同一个模式去要求人,往往是不成功的。这就需要我们在大规模生产中给他们的成长提供一定的自由度。”丁石孙后来如此回忆当时的治校理念。

丁石孙要为振兴北大办几件事，但困难很大。张恭庆在《丁石孙老师》一文中说了一段往事：“‘文革’给学校遗留下的问题之一是住房紧张。‘文革’之初，原先居住比较宽敞的教授住宅都迅速地被瓜分完了，一幢小楼住上四五家人，到落实政策时，就得有空房让那些人家搬出来住；另外，当年的年轻教师大都已结婚生子，需要从单身宿舍搬到家属楼。但‘文革’十年学校没有基建，已有的住房远远不够安置。为了应对这些需求，1980 年代初，学校在中关园新盖了几幢三居室的家属楼，先分给一些资历老、职称高的教师居住。这时有人嚷嚷：‘知识分子住高楼，劳动人民住平房。’丁校长本人一点也没有特殊化，他和我这样的普通教授一样都住在中关园 42 公寓。

有天晚上下大雨，公寓周边人声嘈杂，一群人站在楼外大声叫喊：‘丁石孙出来！’丁校长十分镇定，马上从楼里走了出来。当他听说是有些平房被水淹了，便跟随来人赶到现场去考察。走近平房时，有人对他说：‘你还穿着皮鞋，来，我背你进去。’只见丁校长毫不犹豫，大步踏入水中，走进淹了水的房子，深入了解情况。他随即提出办法，紧急安置了那些受灾的居民。他的举止让人心服口服。”

丁校长上任后不久就让教务处做过调查，发现北大理科各系毕业生当时仍在从事本专业工作的并不多。他由此意识到，本科阶段不应过分强调专业教育，而要拓宽学生的视野。学生可以在这个过程中发现自己的兴趣，找到自己的研究方向。

一位 84 级计算机系的学生回忆说，进入北大不久，就意识到自己真正的兴趣在中文系，没想到大二那年北大就允许学生提出转系申请。一夜之间，不可能的事情居然就变成了现实。在当时的环境下堪称奇迹。而这个奇迹的实现，得益于校长丁石孙。

这位成功转系去读中文的同学，在毕业时，从图书馆往勺园走

丁家四兄妹在镇江合影

的路上,碰见了正骑自行车的丁校长。他说,那时很想拦住校长道一声谢谢:"感谢您允许北大学生转系。因为您的改革,让我实现了自己的理想。"

丁石孙也以身作则。虽然当了校长,却坚持给学生上高等代数这门基础课,除非不得已,从不耽误课时。每一任北大校长都可以在任内搬进北大燕南园的一套独栋小楼居住,但丁石孙拒绝了,仍旧住在中关园一套不到80平方米的老旧房子里。

在学生们的印象里,丁校长总是穿一件洗得发白的蓝色或灰色衣服,骑一辆旧自行车,穿行在校园里。有人想找他说话,直接把他的自行车拦下来就是。

他家的电话号码是公开的。有个学生觉得食堂的饭菜太难吃,直接打电话到他家里骂了他一顿,让他自己去食堂尝尝。他并不恼,真的开始食堂改革。之前,北大各院系学生吃饭的食堂是固定的,他引进竞争机制,饭票在各食堂通用。食堂有了竞争压力,质量立刻提高。不多久,北大的食堂口碑在高校中也出了名。

1986年的一天,丁石孙问王义遒,觉得北大存在什么问题?王义遒回答,没有目标:"不少人工作都得过且过,没有奔头。这样的集体没有朝气,没有凝聚力。"当时市场经济刚起步,"脑体倒挂"

现象严重，“读书无用论”冒头，各种海外新思潮又不断传进中国，北大内校风、学风有些混乱浮躁。

1986 年下半年，丁石孙提出了六点治校方针：“建设世界一流大学；从严治校；贯彻竞争原则；坚持双百方针，活跃学术空气；树立综合平衡与全局观念；分层管理，坚决放权。”

然而 1987 年，因为学校的管理问题，学生和校方发生冲突，有四五千学生包围了丁石孙的办公楼，情绪紧张到了极点。但丁石孙依然从容自若，坦诚相对。在 1980 年代那个特殊的时期，他这位北大校长经常处在风口浪尖上。但无论多少学生的骂声，看到多少不理解的举动，他都用长者的慈爱与宽厚温暖着未名湖。他期望通过平等的交流消除矛盾、填补沟壑。他的民主作风感人至深，他的开明深受学生们的喜爱。

后来常常有人追忆，说“那时的北大就是心目中大学的样子”。人人心怀理想，觉得自己对国家、民族和社会承担着使命和责任，心怀热情和希望。丁石孙只是笑笑：“我运气比较好，因为 1988 年确实是北大达到很高水平的一年。”他觉得，那种精神的魅力，是“不太容易消失的”。

但在数年的校长生涯中，丁石孙也常感到力不从心，推动改革十分不易。身体出了状况，可能都与当校长累坏有关。

张恭庆在《丁石孙老师》中回忆：“1988 年程民德先生辞去数学所所长的职务，系领导让我继任。经过一段酝酿，我提出研究所实行以科研流动编制为主，两年轮换的制度。研究所面向全系组织日常学术活动和大小学术会议，并提供出版论文预印本等方面的服务。丁校长很肯定这个方案。但当我接手工作时，却发现这么多年来，研究所并没有独立的运行经费。需要用钱的时候，都是靠程先生向系或学校打报告，专款专用。于是我向丁校长提出了经费需求。没有想到那时学校经费非常紧张。丁校长思索了很久，打电话给我说：‘你提出的要求是合理的，但学校现在实在拿不出这笔钱来,我先从校长办公费里拨一两万元给你作启动费,以后不能保证每年都有。'过了几天我到系图书馆去考察购买新书和预订期刊的情况,结果大吃一惊,一年之中原版新书只有二三十本,很多重要的外文期刊,架上也找不到。据了解,尽管系图书小组按时提出了采购和预订计划,但由于学校经费紧张,都被校图书馆砍掉了。然而图书对于数学研究来说,和实验仪器对于自然科学是同样重要的。我把这个情况调查清楚以后,不得不再去找丁校长。丁校长当然知道图书期刊的重要性,但他可能并不知道现实已经严重到了这个地步。他紧皱眉头思索着,对我说:'我知道了,我找图书馆了解一下。'过了一两个星期,校图书馆的同志找我说:'我们全校一年才只有100万图书经费,不过明年我们给数学系10万。'这件事也从一个侧面反映出上世纪80年代末北京大学吃紧的财政情况。'巧妇难做无米之炊',那个年代的北大校长真不好当!"

1988年7月,有位高干子弟北大附中毕业,但高考成绩并不理想。其母找到丁石孙,希望自己的儿子能进北大。丁石孙却以北大气氛活跃、人身安全不能保证为由婉拒。该高干子弟只好上人大历史系。事情就这样过去了,丁石孙也没因此遇到麻烦。

1988年,他给时任国家教委主任李铁映写过两封信,说已经干了4年,身体很不好,希望能同意自己辞职:"我觉得一个人做不成的事情多得很,做不成就算了,我已经尽了力了。"但辞职请求没有被接受。1989年春节后,教育部领导找他谈话,希望他继续主持北大工作,他同意了。他告诉王义遒,希望对方跟他一起酝酿新一届行政领导班子。但8月下旬,教育部领导再次找丁石孙谈话,批准了他的辞职请求。1989年9月,丁石孙回到了数学系。

在告别讲话中,丁石孙说:"我当了五年校长,由于能力有限,工作没做好;我是历史乐观主义者,相信后来的校长会比我做得好,会把北大办得更好。"

后来担任北大校长的郝平这样评价他:"丁石孙先生是北大师

生十分敬重的老校长，担任北京大学校长期间，在推动建设世界一流大学、推进教学改革、提高学术研究等方面贡献巨大、影响深远。”

丁石孙此时也十分关心数学普及和教育。他主编了一套“智慧之花”小丛书，包括《归纳 · 递推 · 无字证明 · 坐标 · 复数》等，内容之丰富、水平之高，很多方法和结果尽显数学之精妙；而且其他书里很难见到，比如在一个矩形内随机找三点，构成一个钝角三角形顶点的概率是多少？答案里既有反三角函数又有对数，当矩形是正方形时为 $97/150+\pi/40$，这很神奇，显示了微积分的威力。小丛书是数学爱好者必藏的珍品，如今已是一书难求。在晚年，他还与人合作了一本《数学与教育》。丁石孙给中国数学界留下的每一本读物都是高质量的，中国数学界和教育界应该记住他的贡献。

丁石孙主编或执笔的数学普及读物

1990 年，丁石孙左眼眼底出血，左眼视力基本丧失。1993 年，在民盟中央主席费孝通的提议下，丁石孙调入民盟中央，由兼职副主席成为专职副主席。调任前，丁石孙有些犹豫，他原本想在北大数学系安安心心地教书。时任数学系主任的李忠劝他：“你对我们普通知识分子很了解，你到那个地方，可以代表我们发言。”

调任后，丁石孙仍然定期到北大给数学系一年级新生上基础课。

1996年，他出任民盟中央主席。1998年3月，出任第九届全国人大常委会副委员长。1998年，时逢北京大学百年校庆，丁石孙到校出席纪念活动。当他的名字被念出，全场响起了极为热烈的掌声。季羡林发表讲话时说，北大历史上有两位校长值得记住，一位是蔡元培，另一位是丁石孙。会后，大家争相与他合影。

曾先后担任民盟领导人的费孝通、钱伟长和丁石孙（自左至右）

吴文俊同丁石孙握手

丁石孙也参加一些数学家的会议，比如2002年在北京召开的国际数学家大会。2003年，丁石孙任第十届全国人大常委会副委员长。2005年，他辞去民盟中央主席职务。

丁石孙90多年的一生经历丰富曲折。晚年，因为腿脚不便，所以很少出门，常常坐在不到30平方的起居室里的沙发上。夫人去世后，他显得更加沉默，笑容越来越少。那时，丁石孙的视力下降得厉害，但听力尚可。

晚年长期坐轮椅的丁石孙

在接受央视的采访时，丁石孙说："我是个失败的校长，因为我心目中理想的、好的学校，不是这样的，没有达到。"此时的丁石孙爱听音乐，喜欢贝多芬，尤其喜欢《欢乐颂》和《英雄交响曲》。

2016年1月底，北京大学86级学生派了几个代表看望已经住院的丁石孙。他们带了一束花、一张卡片和一首诗。卡片上写"感谢您给了我们北大历史上最好的几年"。丁石孙看不见，他们就读给他听：

遥记当年初相见，我正少年君英年。

五湖四海风云会，一世之缘结燕园。

风度翩翩谆谆语，当日风华如昨天。

可叹流年如水转,一去经年改容颜。

千山万水追寻遍,为觅梦境过千帆。

虽经九转而未悔,犹抱初心何曾变。

长揖一拜谢师恩,弟子沾巾不复言。

心香一瓣为君祈,福寿安康复翩翩。

89 岁的丁石孙已口不能言,却听得清学生说的每句话。几个女同学俯下身去,拉住他的手。他睁着眼睛,轻轻地点了点头。

对张益唐的赏识

如今名满天下的张益唐是当年北大数学系 78 级校友,当时就因数学上的天赋而被看好。其中的伯乐就有丁石孙。

张益唐的主要成就是孪生素数猜想研究。所谓孪生素数,就是相差 2 的素数对,比如 3 和 5,17 和 19……人们猜测,孪生素数有无限对,这就是著名的孪生素数猜想。

这个猜想于 1849 年提出,距今已有 170 多年历史。1900 年,德国数学大师希尔伯特(D. Hilbert)在世界数学家大会上做了一个著名的报告,提出了 23 个亟待解决的难题,其中著名的第 8 个问题是关于素数的 3 个猜想:哥德巴赫猜想、孪生素数猜想、黎曼假设。这 3 个问题至今未决,但都取得了重大进展,对数学的发展起了巨大的推动作用。

素数在数学中具有根本的重要性,它是很多数学概念、定理和理论的基石。因此,自古以来,素数就是数学家研究的重点对象。值得骄傲的是,华人数学家在哥德巴赫猜想、孪生素数猜想上取得了迄今最好的结果。陈景润 1966 年关于哥德巴赫猜想的最好结果至今无人超越;孪生素数猜想的最佳成果则是张益唐取得的。

2013 年 5 月 14 日,《自然》杂志在线报道一位长期在美国的名不见经传的讲师张益唐的论文《素数间的有界间隔》，证明了“存在无穷多个之差小于 7 000 万的素数对”，随即引起了极大轰动。张益唐被誉为数学界的“扫地僧”，“逆袭世界”的数学家。

1982 年，丁石孙去哈佛大学做研究。翌年，德国青年数学家法尔廷斯(G. Faltings，也是一位名不见经传的讲师！)解决了莫德尔猜想，轰动了整个数学界。重要原因是：莫德尔猜想的一个直接推论是世界著名难题费马大定理即使有解，(约去最大公约数之后所得的)互素解也是有限的，虽不能彻底解决费马大定理，也已是该问题提出 300 多年来的最大突破。法尔廷斯由此获得了 1986 年的菲尔兹奖，在当代数学界享有极高声誉，即使在菲尔兹奖得主中也被看作翘楚。后来，他还获得了费萨尔国王奖、邵逸夫奖、莱布尼茨奖(德国科学最高奖)等多项大奖。

法尔廷斯使用的是最先进的代数几何学方法。代数几何是 20 世纪蓬勃发展起来的数学分支，以抽象艰深著称。由于法国布尔巴基学派的韦伊(A. Weil)、格罗滕迪克(A. Grothendieck)等大师的工作，代数几何学对于数论产生了革命性影响，使人们看到了长达数十年乃至数百年坚如磐石的数论大猜想松动甚至解决的希望。20 世纪下半叶，有多位数学家因代数几何而获得菲尔兹奖，说明代数几何学已成为当代数学的主流。

法尔廷斯的整个证明过程极为曲折、高深，用数学家常喜欢说的话，就是动用了现代数学的“重型武器”，大学微积分与之相比就像手榴弹 VS 原子弹。这时，身在美国的丁石孙凭借他对数学的了解，觉得北大不该落伍，中国不能落伍。“丁教授对此感触非常深，觉得中国大陆数学家没有一个人能看懂这个证明，我们落后太多。”张益唐说，当时丁石孙教授希望自己能转向代数几何的研究，“我的导师潘承彪开始不愿意让我改方向，但也跟我说，代数几何有一些很深刻的工具，比如特征根的估计，回头还可以用到数论上，于是我就出国学习代数几何了。”

张益唐是1978年考上北大数学系的，本科毕业后继续念完硕士。在取得硕士学位后，1985年，张益唐到美国普渡大学读博士，其间因为一些事情颇为坎坷。在得知张的处境后，爱才的丁石孙劝张益唐回北大，但张益唐就有一种“语不惊人死不休”的执拗劲，他不愿这样回来，而是全身心地投入到数学中去。后来，张益唐有机会到美国新罕布什尔大学任教。他为世纪难题“孪生素数猜想”的解决做出的突破性工作，使自己从一位默默无闻的讲师跻身于世界重量级数学家的行列。

孪生素数猜想中的“2”是一个很难达到的目标，于是数学家转而研究它的“弱版本”，即能否证明有无限对素数之差小于给定数。经过多年努力后，取得了巨大突破，但要确定“给定数”，数学界依然表示悲观，认为近期几乎不可能。但是，张益唐在这些数学家的工作上看到了希望，经过多年努力，他终于给出了给定数——7 000万！

这是人们在这个猜想上第一次得到一个确定的数，尽管从2到7 000万是一段很大的距离，《自然》还是称其为一个“重要的里程碑”，认为在孪生素数猜想这一终极数论问题上取得了重大突破。不到1年时间，7 000万已被其他数学家减少到246。当然就方法而言，7 000万和246没有本质区别。张益唐本人也可以获得远比7 000万这个粗糙估计小的数，但他看重的是方法上的突破。

有几点是值得提及的。第一，张益唐虽然在美国学到了代数几何的真功夫，并且做出了成绩，但他在孪生素数猜想上的工作还是基于解析数论，北大教授、著名数论专家潘承彪是引路人。代数几何在今天仍然是国际数学主流，但分析和概率也逐步得到重视。第二，张益唐的结果离孪生素数最终解决的距离，要小于陈景润离哥德巴赫猜想最终解决的距离，有人评价说张益唐的成就比陈景润的更大一些，这不无道理。第三，张教授也坦言，他当时要是不出国，恐怕就做不出这样的成果了，美国的学术环境还是值得中国学界借鉴的。张益唐现在经常回国，为中国的学术研究和学术环境的营造做着自己的努力。如今，他对中国年轻学生的聪慧表示惊讶，夸奖这些小孩“聪明得不得了”，大有希望超过自己。

2013 年 8 月 27 日，张益唐与他的导师潘承彪以及著名数学家展涛、张平文一同前往丁石孙家中专程看望他。虽然已 86 岁高龄，丁石孙精神矍铄。“搞数学不容易，你要坚持啊。”他握住张益唐的手一字一句地说。他同时对张益唐的重大研究成果表示了祝贺。

张益唐

张益唐深情地回忆起燕园往事。他说，在北大学习期间打下了非常扎实的数论基础，丁石孙和潘承彪老师都“把教书当作十分重要的事情”。谈及人才培养，丁石孙特别强调“自由发展”和“坚持”的重要性。张益唐对数学的坚持让人感动。在美国新罕布什尔大学任教以后，用并不丰厚的报酬继续着他热爱的数学研究。丁石孙说，希望张益唐经常回国、回北大讲课，北大数学系需要这样的人才。

几位数学家还谈到了著名的“钱学森之问”，丁石孙笑言：“张益唐就是很好的例子嘛！”他不断勉励后辈们，要坚持自己所感兴趣的方向，也希望北大能给予人才发展最自由的环境，让优秀人才的发展不受限制。

丁石孙留下的遗嘱

丁石孙65岁生日那天,为自己拟了遗嘱。全文如下。

朋友们:

今天是我65岁的生日,似乎是应该想一下自己的身后事。没有人能准确地预见自己死的日子,因之话早说为好。

1. 我死后一切从简,不要任何仪式,尽快送火葬场,一切请他们按常规处理,不要骨灰。我来自自然,我愿意再回到自然。

在我死前或死后,凡是不在北京的亲属,绝对不要因为我的缘故来北京。对世界来说,我的死是一件极小的事情,过去就过去了。

2. 如果我有一段病重的时间,千万不要为了延长生命给我和大家造成不必要的痛苦。如何处理,请我的爱人做决定,她是了解我的。

3. 也许我死后还有一点现款,请把我的一份(根据法律)捐给北京大学数学系,如何使用由数学系决定。我对数学是有感情的。至于实物,由我的亲属处理。

4. 我死了以后,当然要发个通知,请按以下格式:

丁石孙,出生于1927年9月5日,已于x年x月x日去世,特此通知。下面由家属签名。至于发给哪些人,由你们决定。

5. 请不要为我的死悲痛。我衷心希望你们生活愉快。

丁石孙　1992年9月5日

读这遗嘱,感到他真是纯真不重虚名的人。

2019年12月11日,丁石孙的两个儿子丁诵青、丁干把父母留下的存款共计400万元全部捐赠给北大，用以设立不动本基金，以基金收益奖励北大数学、化学学院基础课程成绩优异的北大学子。丁干代表家属签署了捐献协议。丁干说："希望父母的钱可以帮到他们想要帮的学生，最后一次。"

学好基础课是丁石孙、桂琳琳夫妇一贯的教育理念。两位生前所任教的北大数学科学学院、化学与分子工程学院分别制定评审细则，以核心基础课程成绩为标准，每年奖励、表彰50位表现最优异的同学。

"对世界来说，我的死是一件极小的事情。"可是他的形象长久活在人心里。一副挽联落款写着"未名1988全体同学"：

一面春风，曾有丁香化雨，石舫烟云，孙竹凌雪，燕园于兹多风骨。

卅年契阔，但悲天高九重，地阔万里，人已千古，君子从来稀世出。

其妙在联中藏联，工整对仗中嵌入"曾有丁石孙，燕园于兹多风骨。但悲天地人，君子从来稀世出。"

我觉得丁石孙很好地体现了北大"科学与民主""兼容并包，求同存异"的精神。

对我的影响

1960年代我买了一本中国出版的翻译书，就是范德瓦尔登的《代数学》，译者是丁石孙和曾肯成等。这本书引起我对近世代数的兴趣，我却不知道使我喜欢上代数的人，竟然是翻译者之一的丁石孙教授。

1980年8月9日，我乘飞机从新加坡到美国参加10日在加州大学伯克利分校举办的《第四届国际数学教育会议》，飞机在日本东京成田机场转机，然后到旧金山。

凑巧与中国出席的曹飞羽、程民德、段学复、丁石孙等教授同机。当时到了机场有小巴士车载他们到伯克利，我第一次看到丁教授非常有条理照顾那些上了年纪的老教授，而且指挥若定有大将之风，给我的直觉这一定是一个很好的领导者。我乘他们的小巴士车"免费"到了伯克利，因此认识了中国老一辈的数学工作者。

几乎同时，在纽约柯朗数学研究所，我认识了北大毕业的访问学者：陈天权、张恭庆。1985年在加州圣何塞又认识了马希文，听他们讲教过他们基础课的丁教授，对他的敬业精神肃然起敬。

张恭庆(1979年摄于纽约大学柯朗数学研究所)

马希文

2019年10月12日早晨看北京中央电视台新闻，惊悉他过世，晚上心有所感，赋诗一首向他致敬：

少时读书立救国，壮年东游取真经。

百年树人期育苗，风霆云变摧折枝。

维护正义世已稀，人间正道变颜色。

尔今沉疴稍起色，无奈豚鸠竞争食。

坚贞保身解甲归，家国兴亡仍挂心。

秋风秋雨悲君逝，壮志未酬千行泪。

你的遗嘱最后说:“请不要为我的死悲痛。我衷心希望你们生活愉快。”

可是在这时候,我是真的难过。一个个我敬重的爱国家的人倒下去了,但是我说:“这些人的光辉事迹,会是民族的精神宝藏,代代相传。”

2020.5.20

8 倒立金字塔图上的染色游戏

数学世界有许多可以玩的游戏，你要慧眼看出哪一些是好玩的。

——李学数对小王子的劝告

当一门数学学科远离它的经验来源，或者甚至它只是由来自“实际”的思想间接激发产生的第二代和第三代，这门学科就危机四伏了。它会越来越走向纯美学化，越来越纯粹地为艺术而艺术……现在有一种巨大的危险：这门学科将沿着那条阻力最小的路线发展……将会分崩离析，成为许多无足轻重的分支……无论如何，我觉得唯一的补救办法就是恢复到青春回到起源，重新注入多少是直接经验的思想。

——冯·诺伊曼

“自动机是一个电子计算机的雏形，具有一个特殊的功能，就算一个极其简单的自动机也能显示一些完美、神秘的数学原理。我们可以通过玩自动机的游

戏，揭示数学世界许多令人叹为观止的美妙现象，而这在之前是人们始料不及的，孩子，你要通过玩游戏学习数学。”李学数对小王子解释染色游戏的威力。

“老爷爷，你曾经对我说数学世界有许多可以玩的游戏，你要慧眼看出哪些是好玩的。

我想知道你有什么简单的数学道具，可以玩出不平凡的数学游戏？”

“好，你知道小孩子在小学时学算术会学到区分自然数为偶数和奇数。你当然明白偶数是能用 2 整除的数，而奇数是用 2 除会有余数 1 的数。”

“是的，我记得你曾讲过德国数学家高斯由以下性质：

$$\text{偶数}+\text{偶数}=\text{偶数},\text{奇数}+\text{奇数}=\text{偶数},$$
$$\text{偶数}+\text{奇数}=\text{奇数}+\text{偶数}=\text{奇数},$$

发现最小的群$\langle \mathbb{Z}_2,+\rangle$。”

+	偶	奇
偶	偶	奇
奇	奇	偶

“对，如果你把奇数写成$[1]_2$，偶数写成$[0]_2$，我们有加法表：

+	$[0]_2$	$[1]_2$
$[0]_2$	$[0]_2$	$[1]_2$
$[1]_2$	$[1]_2$	$[0]_2$

就是这个$\mathbb{Z}_2$ 群。”

“老爷爷，高斯发现的这个概念对他的研究有什么帮助呢？”

“高斯是一个既天才又勤奋的数学家，他很长寿，在数学和科学上有许多伟大的工作，如电学、大地测量学、复数、函数论、级数理论、代数基本定理、行星卫星轨道的算法、双曲几何、误差理论中的最小二乘法,还有数论中的模算术。

可是他很不愿意把他的工作公之于世。他曾给好友写信,表示担忧有人会对他的工作恶评而使他的名声受损;在给朋友的信中他这么说:'……我无意把我非常广泛的研究工作整理出版,也许它们在我的有生之年绝不会发表,因为我害怕如果我大声地说出我的意见,我就会听到那些既迟钝又愚蠢的人的嚎叫……'"

高斯

"哎呀!老爷爷,高斯真高傲,把其他人看成比不上他的愚蠢的人。"

"孩子,你要原谅他的顾虑,这世间就是这样。俗话说'枪打出头鸟',你如果才智过人就像鹤立鸡群,你就会变成众矢之的,人们不但不欣赏你,反而要把你践踏一番,这就是人性可恶的一面。"

"老爷爷,我们还是回来谈数学,高斯怎么发展他的'奇、偶'运算的规律?"

"还好,他在1801年24岁时出版了一本名叫《算术研究》(*Disquisitiones Arithmeticae*)的第一本系统讲述数论的书,这书中介绍了他的'同余'概念。

[定义1] 令整数 $m \geqslant 2$,对于整数 a, b,我们定义

$$a \equiv b \pmod{m}$$

当且仅当 m 可以整除 $a-b$。

[定义2] 令 $[k]_n = \{an+k: a=0, \pm 1, \pm 2, \cdots\}$,而 $0 \leqslant k \leqslant n-1$。

我们称$[k]_n$是k的同余系。

[例] $[0]_2$＝所有偶数集合，

$[1]_2$＝所有奇数集合，

他定义了这些同余系的加法运算，比方说$n=3$，我们有$\mathbb{Z}_3=\{[0]_3,[1]_3,[2]_3\}$。

$+$	$[0]_3$	$[1]_3$	$[2]_3$
$[0]_3$	$[0]_3$	$[1]_3$	$[2]_3$
$[1]_3$	$[1]_3$	$[2]_3$	$[0]_3$
$[2]_3$	$[2]_3$	$[0]_3$	$[1]_3$

这就是$\mathbb{Z}_3$群。

我今天就用这个小小的群玩一个数学游戏。”

“啊！我很荣幸能用高斯的发现探索数学。”

“好，你现在看我画的图：

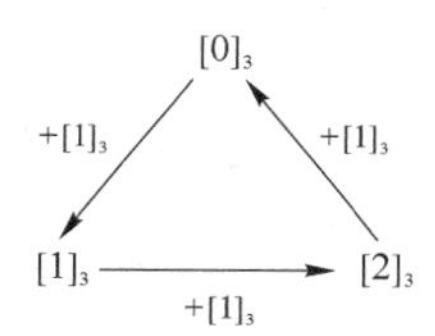

你看出什么奥妙吗?”

“我知道你是说一个$\mathbb{Z}_3$的元素x在运算$x+[1]_3$后的结果。”小王子观察后，很快地回答。

“对，你能画出其他可能的运算吗?”

“行，你看下面两个图”：

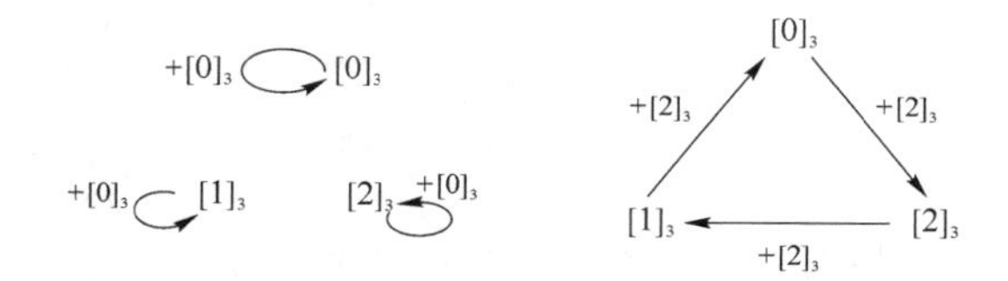

倒立金字塔图

“好，现在我们玩一个倒立金字塔图的游戏。

令 $n \geqslant 2$，倒立金字塔图 $RP(n)$ 是 n 层的由三角形堆砌而成的图形，就像一个倒过来的金字塔。

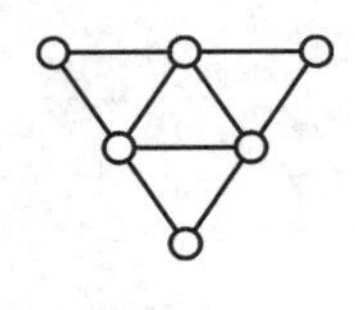

$RP(2)$

$RP(2)$ 有 $1+3=4$ 个小三角形，$RP(3)$ 有 $1+3+5=9$ 个小三角形，一般 $RP(n)$ 有 $1+3+5+\cdots+(2n-1)=n^2$ 个小三角形。

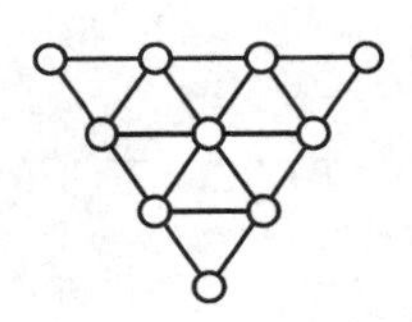

$RP(3)$

我们现在来玩这个游戏，先从最小的 $RP(2)$ 开始，在最左上角的三角形写上 $[0]_3$，然后依次由左向右

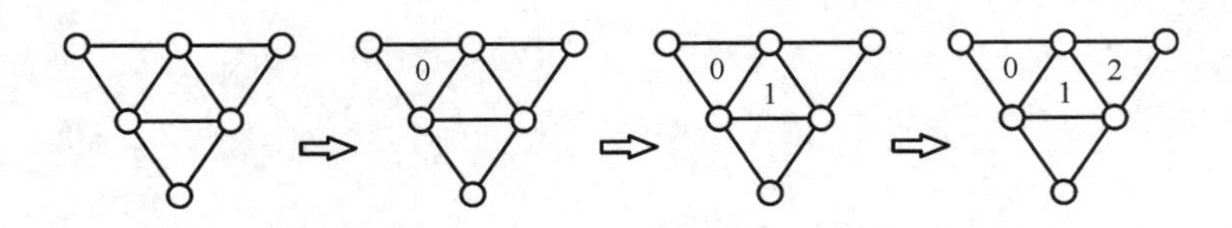

用以下的运算填写邻边的三角形，一层填完后，就接下来填下一层，由上面

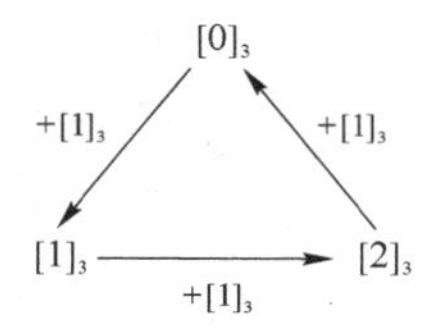

的三角形的数填下层的小三角形，你会看到

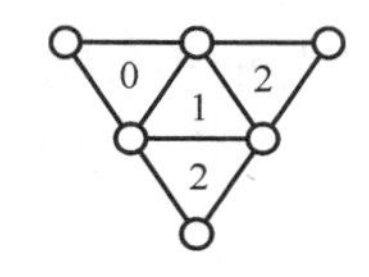

好，现在你试试 $RP(3)$ 的填法。”

小王子很快得到以下填法：

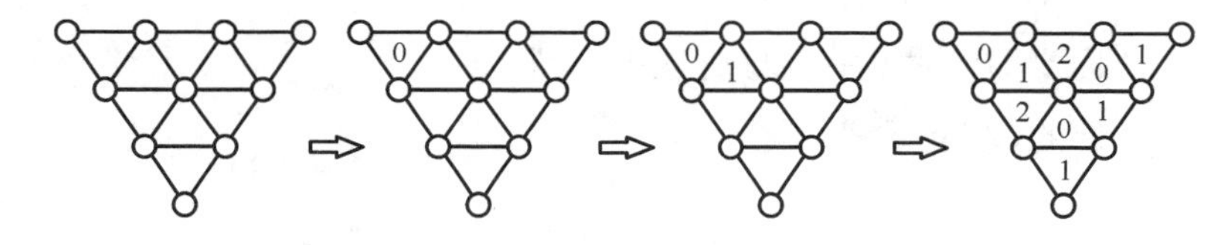

然后他试 $RP(4)$：

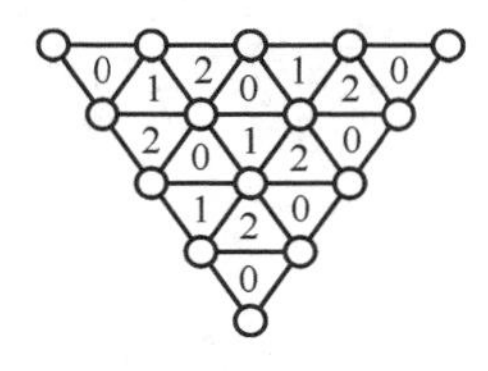

接下来他试试 $RP(5)$：

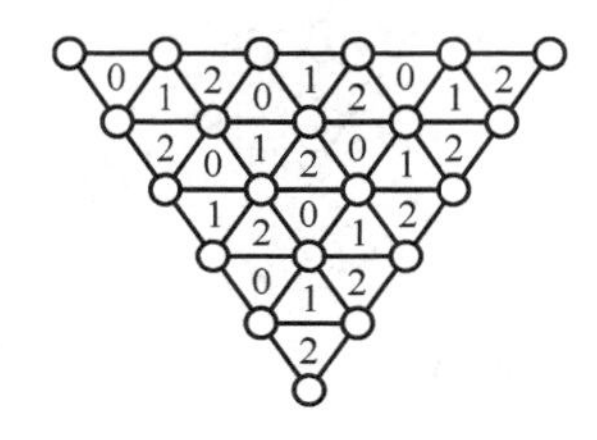

他再试 $RP(6)$：

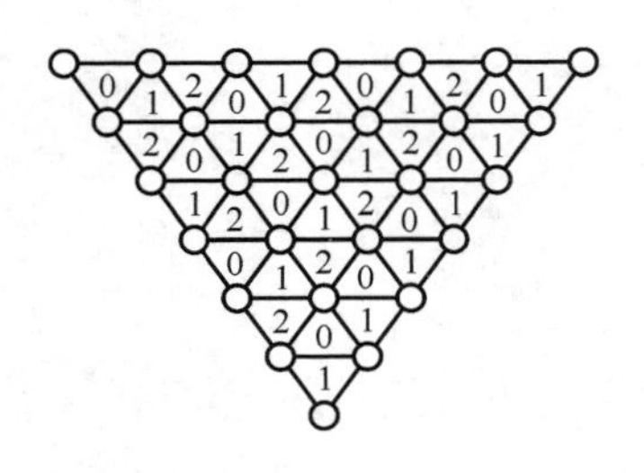

“小王子，你看到什么奥妙的地方吗？”

“我看到从上到下的斜对角线如果第一个三角形是 0，底下会按照 0，1，2，0，1，2 的循环节一直下去。”

“对，你的观察正确，如果不是 0 会是怎样呢？”

“如果开头是 1，就会有 1，2，0，1，2，0 的循环节；开头是 2 就会有 2，0，1，2，0，1 的循环节。”

“你要不要对 2 的情形验证一下？”

“好的，老爷爷。”

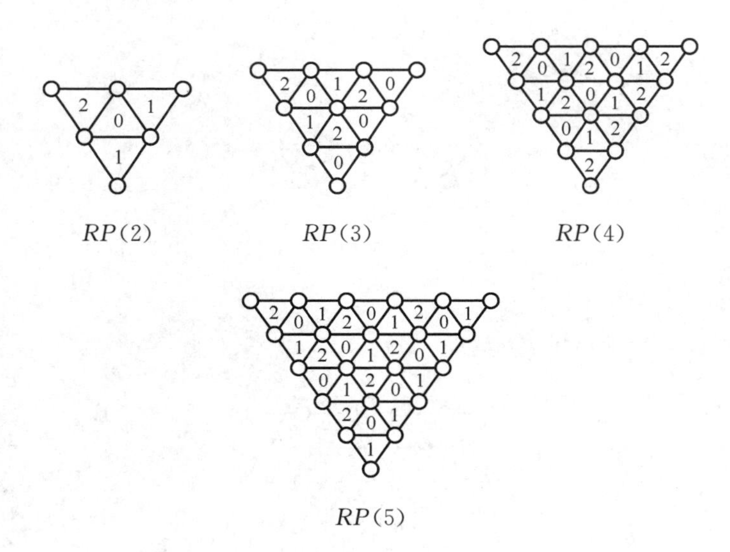

$RP(2)$　$RP(3)$　$RP(4)$

$RP(5)$

“老爷爷，真的是这样。”

“好，现在我们要用另外的规定。”

$\circ$	$[0]_3$	$[1]_3$	$[2]_3$
$[0]_3$	$[0]_3$	$[2]_3$	$[1]_3$
$[1]_3$	$[2]_3$	$[1]_3$	$[0]_3$
$[2]_3$	$[1]_3$	$[0]_3$	$[2]_3$

“老爷爷，这是什么东西？”

“它是叫等幂群胚。”

我要画它的游戏规则：

$\circ[0]_3$ $[0]_3$ $\circ[0]_3$ $[1]_3$ $[2]_3$ $\circ[0]_3$

$[0]_3$ $\circ[1]_3$ $\circ[1]_3$ $[2]_3$ $[1]_3$ $\circ[1]_3$

$[0]_3$ $\circ[2]_3$ $\circ[2]_3$ $[1]_3$ $[2]_3$ $\circ[2]_3$

“为什么叫‘等幂群胚’呢？”

“因为它满足这样的‘等幂律’，即：

$$x \circ x = x$$

你看它的乘法表的对角线呈现：$[0]_3 \circ [0]_3 = [0]_3$

$[1]_3 \circ [1]_3 = [1]_3$

$[2]_3 \circ [2]_3 = [2]_3$”

“以后有机会我会再深入讲这个代数系统的一些有趣性质，现在我要用这群胚来玩一种游戏。

先看$\circ [0]_3$规则。

[情况 1]

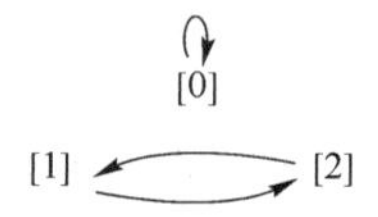

好，你现在从这金字塔图的最左上角的小三角形填上 0，你看最后整个图会有什么情况？”

小王子很快对 $RP(2)$、$RP(3)$及 $RP(4)$填好数。

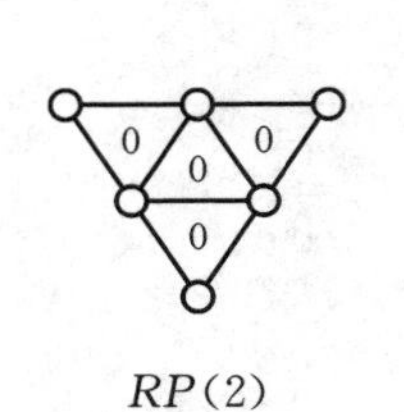

$RP(2)$

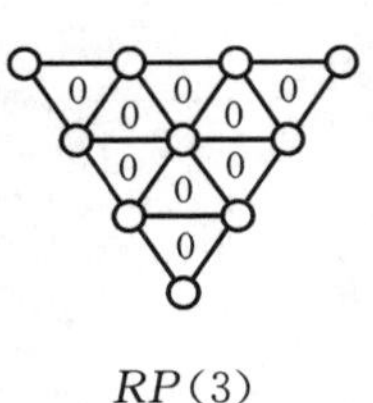

$RP(3)$

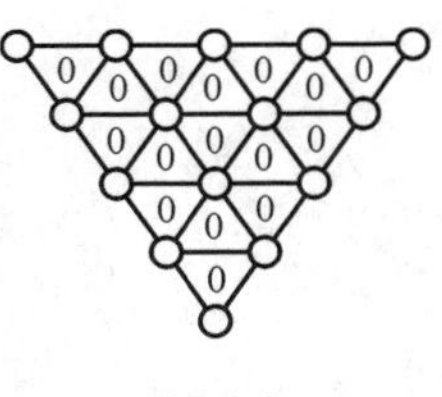

$RP(4)$

"我得到所有的 $RP(n)$ 的小三角形都是 0！"

"你现在用 1 填在金字塔图上的最左上角的小三角形，看有什么变化？"

小王子给出了以下 $RP(2)$、$RP(3)$ 及 $RP(4)$ 的 3 个结果。

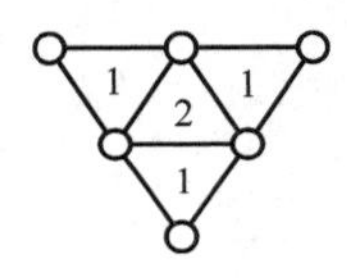

$RP(2)$有 0 个 △0，3 个 △1，1 个 △2

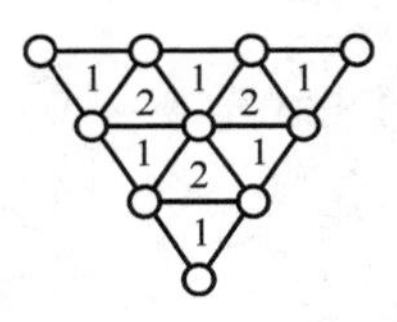

$RP(3)$有 0 个 △0，6 个 △1，3 个 △2

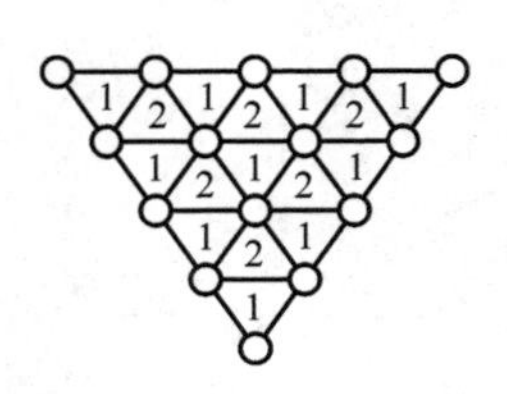

$RP(4)$有 0 个 △0，10 个 △1，6 个 △2

"小王子，你能看出这里有什么美妙的现象吗？"

经过 25 分钟的观察和计算，小王子给出以下答案。

"老爷爷，我想我有这样的结果：

［定理 1］ 对于 $n \geqslant 2$，如果在最左上角先填上 1，情况 1 的涂色会有这样的结果：

$RP(n)$有 0 个 △0

我们有 $1+2+\cdots+n=\dfrac{n(n+1)}{2}$ 个 △1

至于 △2 的个数，可以用

$$1+2+\cdots+(n-1)=\frac{(n-1)n}{2}$$

的计算得到。

是不是这样？”

“小王子，你做得很好，的确是像你所说的那样。

现在你是否可以对最左上角的小三角形填上 2，然后看有什么结果？”

小王子这次用不到 10 分钟的时间，迅速地得到这样的定理。

［定理 2］ 对于 $n \geqslant 2$，如果在最左上角先填上 2，情况 1 的涂色会有

△0 小三角形有 0 个，

△1 小三角形有 $1+2+\cdots+(n-1)=\dfrac{(n-1)n}{2}$ 个，

△2 小三角形有 $1+2+\cdots+n=\dfrac{n(n+1)}{2}$ 个，

这是他画出的图：

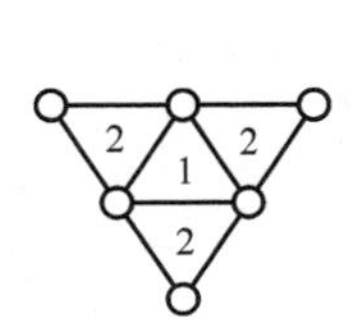
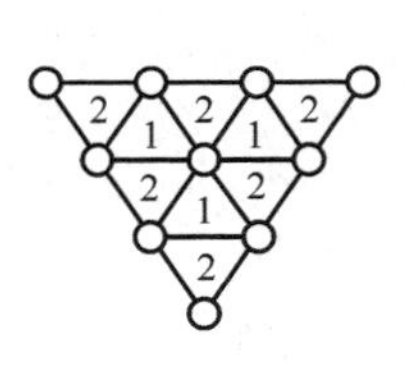
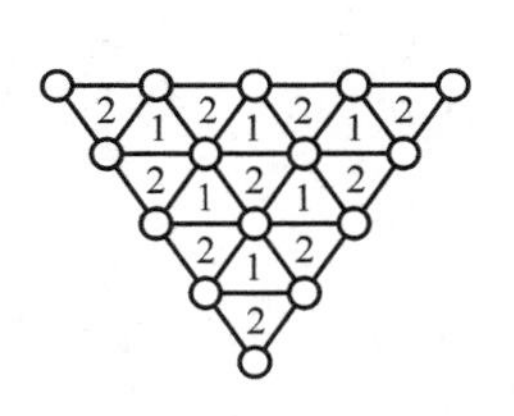

“孩子，你可以再试试情形 2 和情形 3 的情形。”

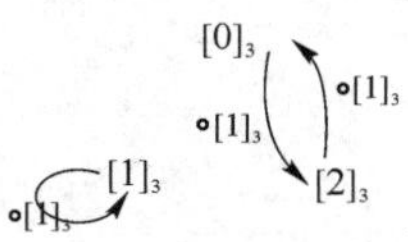

情形 2 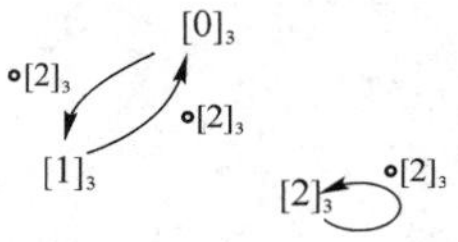　　　　情形 3

“老爷爷，我有类似的定理：

［定理 3］ 对于 $n \geqslant 2$，情况 2 的 $RP(n)$ 会有这样的结果：

(a) 最左上角填上 0，

有 $\frac{n(n+1)}{2}$ 个 0 三角形，0 个 1 三角形及 $\frac{(n-1)n}{2}$ 个 2 三角形；

(b) 最左上角填上 1，

有 0 个 0 三角形，n^2 个 1 三角形及 0 个 2 三角形；

(c) 最左上角填上 2，

有 $\frac{(n-1)n}{2}$ 个 0 三角形，0 个 1 三角形及 $\frac{n(n+1)}{2}$ 个 2 三角形。

［定理 4］ 对于 $n \geqslant 3$，情况 3 的 $RP(n)$ 会有这样的结果：

(a) 最左上角填上 0，

有 $\frac{n(n+1)}{2}$ 个 0 三角形，$\frac{(n-1)n}{2}$ 个 1 三角形及 0 个 2 三角形；

(b) 最左上角填上 1，

有 $\frac{(n-1)n}{2}$ 个 0 三角形，$\frac{n(n+1)}{2}$ 个 1 三角形及 0 个 2 三角形；

(c) 最左上角填上 2，

有 0 个 0 三角形，0 个 1 三角形及 n^2 个 2 三角形。”

“很好，你现在是知道怎样玩这种游戏了。”

从自动机到生命游戏

“老爷爷，我总算明白这游戏的规则了，以及寻找这游戏呈现的规律，你可以告诉我一点这游戏背后的一些历史知识吗？”

“有一个波兰裔的美国数学家艾伦伯格(Samuel Eilenberg)，和美国数学家麦克莱恩(Saunders MacLane)创立了范畴理论。

艾伦伯格(左)和麦克莱恩

艾伦伯格以前研究代数拓扑学，后来在纽约的哥伦比亚大学数学系任教，晚年时对自动机理论产生兴趣。”

“什么是自动机呢？”

“自动机是一个电子计算机的雏形，能做一些特殊的运算。有限自动机是计算机科学的重要基石，它在软件开发领域内通常被称作有限状态机，是一种应用非常广泛的软件设计模式。每个自动机能产生一些特殊的所谓‘形式语言’，艾伦伯格把他研究的心得写进计算机理论的经典著作，他还是法国布尔巴基学派的外国秘密成员之一。”

艾伦伯格的自动机理论著作

1943年,麦克卡洛克(W. McCulloch)和皮特斯(W. Pitts)提出的神经网络模型是有限自动机的一个实例,1951年,克林(S. C. Kleene)在这种神经网络模型的基础上,提出了正则事件(正则语法)的概念,证明了正则事件是可以被神经网络或有限自动机表示的事件,而且神经网络或有限自动机可以表示的事件也一定是正则事件。

最早研究细胞自动机的科学家是冯·诺伊曼。

冯·诺伊曼

此外还有康韦生命游戏,又称康韦生命棋,是英国数学家约翰·霍顿·康韦(John Horton Conway,1937—2020)在1970年发明的细胞自动机。长期在《科学美国人》(*Scientific American*)做数学普及工作的马丁·加德纳(Martin Gardner,1914—2010)于1970年10月在《科学美国人》上对此做了介绍。

生命游戏其实是一个零玩家游戏,体现了冯·诺伊曼关于机器自我进化的思想。它包括一个二维矩形世界，这个世界中的每个方格居住着一个活着的或死了的细胞。一个细胞在下一个时刻的生死取决于相邻8个方格中活着的或死了的细胞的数量。如果相邻方格活着的细胞数量过多，这个细胞会因为资源匮乏而在下一个时刻死去；相反，如果周围活细胞过少，这个细胞会因太孤单而死去。

每个格子的生死遵循下面的原则：

1. 如果一个细胞周围有3个细胞为生（一个细胞周围共有8个细胞），则该细胞为生（即该细胞若原先为死，则转为生；若原先为生，则保持不变）。

2. 如果一个细胞周围有2个细胞为生，则该细胞的生死状态保持不变；

3. 在其他情况下，该细胞为死（即该细胞若原先为生，则转为死；若原先为死，则保持不变）。

设定图像中每个像素的初始状态后依据上述的游戏规则演绎生命的变化，由于初始状态和迭代次数不同，将会得到令人叹服的优美图案。

我们刚才玩的数学游戏就是不同的自动机，你可以看到最简单的自动机都会有令人意想不到的美丽结果。我希望以后你有机会再学习一点这方面的知识。

康韦

我有幸在20世纪80年代听艾伦伯格的讲课。

“艾伦伯格喜欢旅行，他去亚洲印度和东南亚国家时，就购买一些佛像、印度神祇雕塑、动物的金属纪念品，在他去世之前，他把这些珍贵的收藏全捐献给纽约的艺术博物馆。”

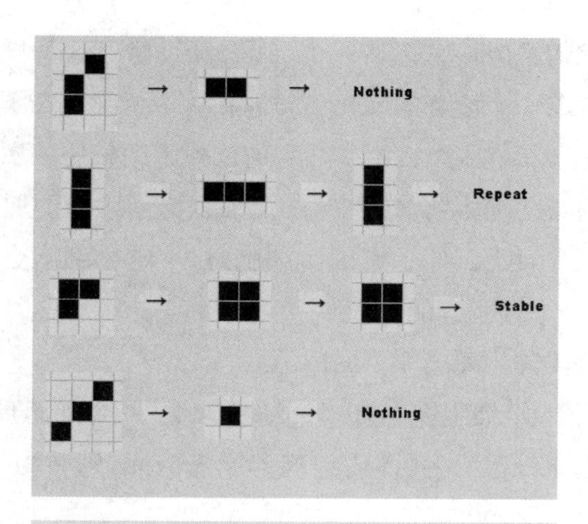

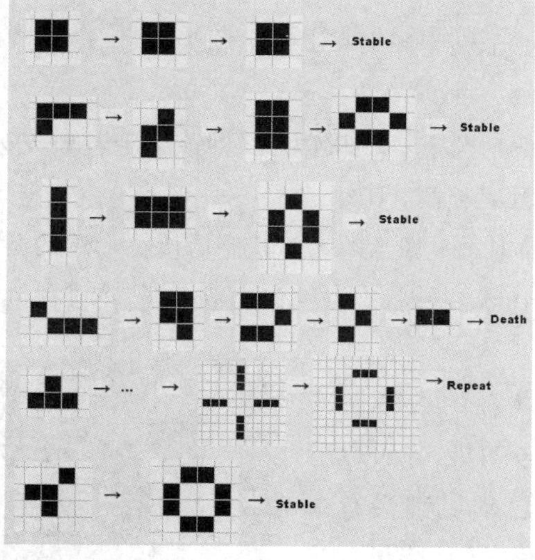

康韦生命游戏产生有趣的图案

“啊！这是一个无私的人，他教书好吗？”

“非常地好！讲英文带有波兰口音，由于我曾经在加拿大协助一个波兰盲眼教授生活，学了一点波兰语，而且又喜欢肖邦的音乐以及居里夫人的事迹，因此对他颇有亲切感。

他秃头，大胡子，晚年喜欢享受美食，因此有一个大肚腩。他上课时声音洪亮。

我有一次因为赶'人工智能'的电脑作业，一直到清晨4点才睡，但是他的课是早上8点就开始，我睡过头但不想缺课，还是匆匆忙忙去上，走进教室，所有的学生都坐在后排，前排的椅子是空的，只好走上前排去坐。

可是教室暖气太足，不到20分钟，我就昏昏沉沉睡去了。

突然我的脚被人踢了一下：'喂！你怎么在我的课堂上睡觉！'

'没有，我只是闭着眼睛听你讲课。'我嘟囔着回答，勉强睁开眼睛，发现我这位可爱的老师睁大眼睛瞪着我。"

"老爷爷，你真丢脸。"

"是的，这是我一生的一件糗事。

对了，我想纠正一下数学史上的错误，有人认为高斯是因为他献给法国科学院的《算术研究》一书遭到否定，造成了心理伤害，因此后来他不急于发表他的工作，许多成果被束之高阁，过世后才被人发现。

1935年有人去法国科学院调查这事，结果发现高斯从来没有给科学院这本书，也没有人对他的工作有差评的资料，世人就喜欢捕风捉影，以讹传讹。

这本《算术研究》是好书，中国的潘承彪教授等在这书问世200多年之后翻译成中文，我送你一本作纪念。"

2019年1月6日，我从上海到台湾，第二天去彰化师范大学准备为老师和学生们讲《古为今用——从毕达哥拉斯定理到"何·李·舒尔标号"理论的诞生》。

梁崇惠教授出示日本大阪经济大学教授西山丰(Nishiyama)发表在2014年10月《现代数学》上的文章《三角形三色问题》。他问我怎样考虑四色问题。

我在略读之后，觉得可以用更一般的自动机理论来处理，于是在晚餐后对他们夫妇解释怎样思考和推广。

梁夫人是中学的数学老师。我想通过我的言传身教使她可以用类似方法去教导学生,吸引学生学习数学的兴趣。

马丁·加德纳曾说过:“我一向觉得引发青少年学习动机的最佳方法是给他们做趣味的问题——就是有强烈游戏意味的问题。他们将乐于去做而且从中学到有意义的数学。我想,趣味数学的价值愈来愈受到老师及教材编写者的重视。”

于是决定把我想过的知识用通俗语言写下,从 2019 年 1 月 7 日晚及 8 日清晨写成以上的文章,要感谢崇惠无意的“无心之问”,以及梁夫人的丰盛晚餐,让我有精力完成这个工作。

9 非欧几何的产生

每一个人都是天才，但如果你用爬树能力来断定一条鱼有多大本事，那它整个人生都会相信自己是愚蠢不堪！

——爱因斯坦

科学中的一些确定的理论并非一定是真理。

——1995 年诺贝尔生理学或医学奖得主刘易斯(Edward B. Lewis)

在科学上，要得到正确的东西，总要先犯很多错误。一旦你把所有的错误都犯过之后，那最后就是正确的结果了。

——李政道

有几个瞎子摸一只象。有的摸到象牙，就说大象像萝卜；有的摸到象耳，就说大象像簸箕；有的摸到象腿，就说大象像柱子；有的摸到尾巴，就说大象像一条蛇，各执己见，争论不休。比喻看问题不全面,以偏概全。

——改编自《大般涅槃经》

早上,我在采石矿湖公园的石桌上看书和做研究,看到湖面上有许多野鸭在浮游,听到公园树丛中有许多不知种类的鸟的啼叫声,心情舒畅许多。

突然,我听到旁边有动物跑动的声音,抬头一看,竟然有一只小鹿正在好奇地瞪着我。我在附近住了五年,常来这里散步,从来没有看到或听说公园有鹿,今天意外地第一次遇到,真是令我吃惊。

后来小鹿掉头跑了,我目送它走远。最后我恢复平静,又钻研起我的数学问题。过不久,我又听到身后有脚步声,于是转身一看,我很高兴看到老朋友出现。

“小王子,你来了。怎么样?想不想听我讲故事?”

“好久没有找你,今天就是想听你讲故事。”

“好!我先给你一个数学问题考虑,如你能得到答案,我就讲一个有关它的故事。”

“好,那么你就提问吧!”

“有一只熊,向南走一里,然后向东走一里,最后向北走一里。它却发现它回到原来的出发点,请问这熊是什么颜色?”

“这个问题出的真是奇怪,怎么有可能发生这样的事情?而且熊身上的颜色与这问题有什么关系?颜色是一种属性,和数学没有什么关系,真是莫名其妙。”

“你讲得不对,是有关系的。”

“有点像脑筋急转弯的问题,对不起,我很愚钝,真的想不出。而且有一点不合理的地方:一只熊从一个地点出发,向南走一里,向东走一里,又向北走一里,怎么都不可能回到原出发地,而你竟然说它回到原出发点,这是不可能的事。我真的不知道答案是什么。”小王子用茫然的眼睛凝视着我。

"你要不要再考虑下?"

"我想我不要伤脑筋了,你快告诉我答案吧,我放弃。"

"答案:这只熊是北极熊,它在北极的顶端,向南出发一里,是绕着北极到南极的经线大圆圈走到 A。向东一里是绕着纬线圆圈,然后向北就是朝北极顶端的经线大圆圈走一里。当然是会回到原出发点 O。

北极只有白色的北极熊,因此它的颜色是白色。"

"谁想出这无聊的问题呢?"

"这是匈牙利数学家乔治·波利亚(George Polya)在他的数学名著《怎样解题》(*How to Solve*)里提出的问题。不是什么无聊的问题。"

波利亚

"你可以讲一点关于他的故事吗?"

"他是一个很好的数学家,在群论、分析、组合数学上有很大的贡献,后来他从匈牙利移居美国,在我们附近的斯坦福大学数学系任教,我以前执教大学的理学院院长兰格(Lange)是他的学生。我以后会介绍他的一些数学工作,现在斯坦福大学数学系图书馆有一个玻璃框存放有关他的相片和手稿资料以纪念他。"

"为什么你会想这个问题呢?"

“我今天在公园看到一只小鹿出现,以前我从来没有想到这里会有鹿。看到以后真是让我吃惊。数学里也有许多这样的现象,最初人们认为地球是平面,所以建立的几何是欧几里得的平面几何。但是几何不是单单平面那一种,还存在一些另类的几何——非欧几何。

我告诉你的问题就是属于另一类几何的现象。”

“我明白了,请你告诉我这种另一类的几何与平面几何有什么不一样。它会有什么用处?”

“非欧几何有几个发现者,其中一个发现者是俄国数学家罗巴切夫斯基(Nikolas I. Lobachevsky,1792—1856),他说‘数学迟早都会有用’。你知道吗,他讲这句话时,他的喀山大学校长职位被停,而他的非欧几何工作不受重视。在他去世 12 年之后,人们才了解他的工作的重要性。”

从平面说起

欧几里得

英国数学家怀特海就说过:“当我们的思想处于最理论的状态下(翱翔于理论的长空),我们可能最接近于我们最实际的应用,这并不是谬论。”

生物如果能思考,它们一定会受环境影响而产生一些想法。但这些想法会因生活环境的不同而有不同的看法及行为。

中国人有一句话说:“夏虫不可语冰。”意思是说:“一只只存在夏季的昆虫,你没法对它谈冰是什么?”

“为什么这样呢?你解释解释。”

"如果这虫的寿命只是 3 个月时间，它不会活到秋天，因此冬天来了，有大雪，它在这之前已经死掉，不可能看到雪是什么。

我们来做一个想象的游戏。你试试想象：假定现在有一个智慧生物，它活在一个无穷大的平面中，不知道什么是 3 维空间。

但是它知道欧几里得 2 000 多年前的《几何原本》的 5 个公理(公设)，那就是：

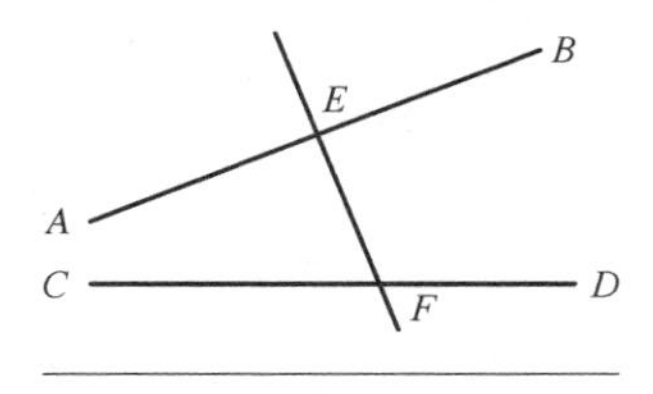

欧几里得第五公设

(1) 两点间必可连一条直线；

(2) 直线可以任意延长；

(3) 已知圆心及半径可作一圆；

(4) 凡直角皆相等；

(5) 有两直线 AB，CD 被另一直线截于 E、F，如果 $\angle AEF + \angle CFE < 180°$，则两条直线在 EA、FC 方向相交。

由此推出《几何原本》465 个定理的几何知识，包括毕达哥拉斯定理，任意三角形的内角和是 180°等。"

"如果它是数学家，它一定懂不止 465 个定理。"小王子说。

"当然！当然！它会知道不止那些定理。还有其他各式各样的定理。

我现在给你考虑这生物所要解决的一个问题：

假定它要养育一只动物作为宠物，但这动物必须在户外生活，它每天需要打水给它，从家到河边取水，它打算走最短的路程，你们怎么找这路径？

在下面我们就假设 A 是它的住处，B 是宠物的位置。

我们要假设这河是笔直的。

A

B

河流

请提出解决方案。”

“很容易，它只要垂直走到河边取水，我们记这点是 C，再直接走到 B 就行了。”

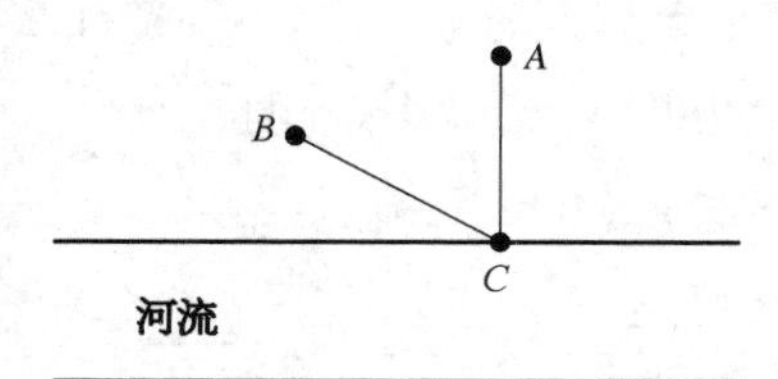

“为什么你这么认为？”

“这是凭我的直觉。”小王子回答。

“我觉得小王子的直觉不太对。因为我如果在 C 左边取一点 D，量 $AD+BD$ 的长，它们的总长小于 $AC+BC$。”

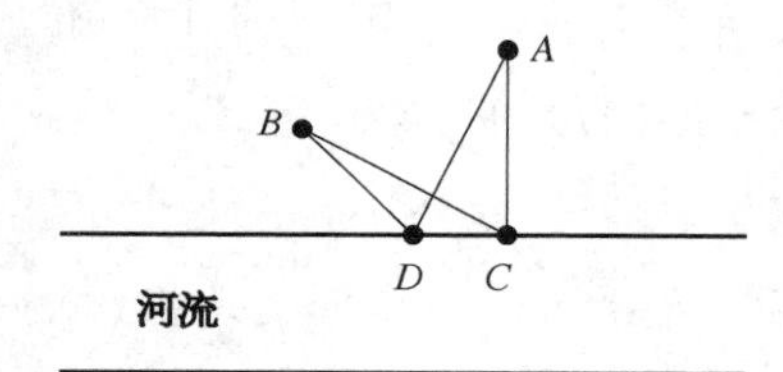

“我给你一个提示。如果你从 B 作河的垂直线，与河边相交于 E，然后再延长 E 至 F，使 $BE=EF$。

将 D，F 连线，你观察到什么现象？”

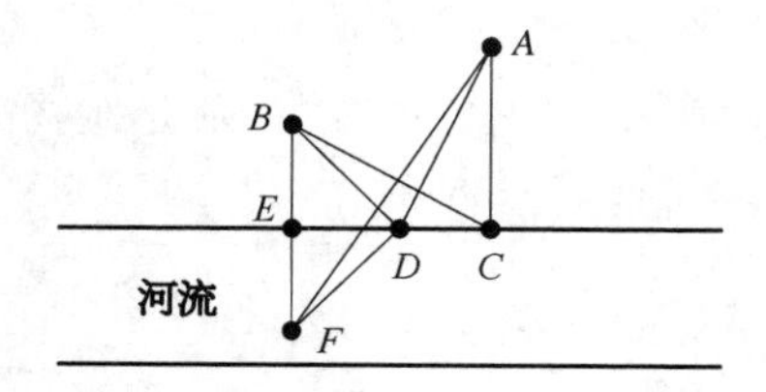

“啊！我知道$\triangle BDE$ 及$\triangle FDE$ 是全等三角形。

两个直角三角形。如果有两组对应边相等，那么它们就全等。

由于 $BE=EF$，$ED=ED$，

因此$\triangle BDE$和$\triangle FDE$全等。”

“很好！$AD+DB$会等于什么的和呢？”

“$AD+DB=AD+DF$。”小王子很快回答。

“在$\triangle ADF$中，$AD+DF$会大于什么边呢？”

“我知道任意三角形两边之和大于第三边，因此$AD+DF$大于AF。”

“好！假定AF与河的边交于$G(\neq D)$，我们连结BG，

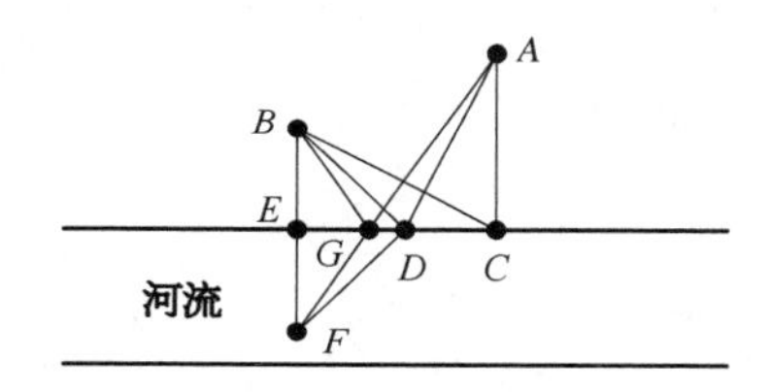

你同意不同意$AG+GB=AG+GF=AF$？”

“是的。”

“你同意不同意$AD+DF>AF$？

因此$AD+DB>AG+GB$？”

“是的。”

“那么你发现什么呢？”

“哎呀！我知道了这生物只要走向G再打水走向B，才是最短的路径。”

“没错。你解决了这个问题。”

其他曲面的几何

“现在我们换另外的环境来考虑。假定这个生物生活的不是平面，而是一个球面。

由于它的环境和平面不一样，你认为它的几何会不会不一样？”

"我想应该不一样。"小王子回答。

"是的。在这个球面上,两点的最短距离是大圆弧的长度,所谓大圆是指圆心与球面的球心重合的圆。

在平面几何两点之间只有一条最短路径通过它。但是在球面的几何却不是这样。

你看这个地球仪,上面是地球的北极,下面是地球的南极。是否有无穷多的大圆经过这两点呢?"

"真的,我从来没有注意到这个事实。"

"好!我们现在来看最基本的一个事实:在球面上任意三角形的内角和一定大于180°。"

"我相信这是真的。"小王子说。

"我发现一个有全部是90°的内角三角形。你看以北极为一个顶点,找一个大圆,另外找一个大圆把地球四等分。你看这两个大圆和赤道的大圆形成的三角形是不是每个内角都是90°?"

"哎呀!这真是奇怪的事。"小王子觉得不可思议。

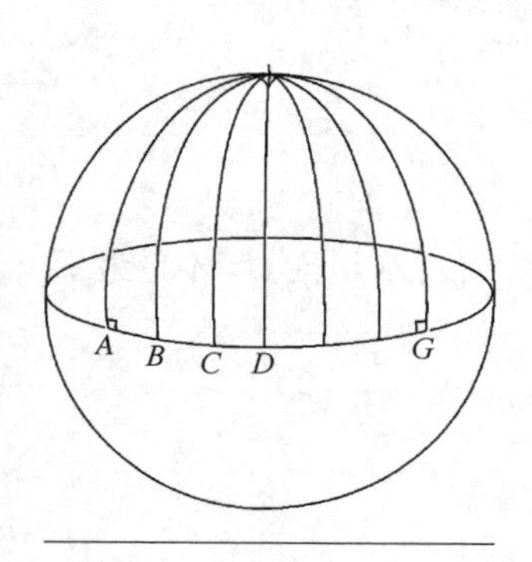

奇特的球面几何

"是不是从一点可以作无穷多的线平行于另一条线?"

"让我想想。"小王子说。

"事实上,在这个球面几何上没有平行这个事实,任何'直线'都会相交!

平面的直线可以无限延长,而这里大圆却是有限长,从一端延长一定会回到起点。在平面几何,给3点在一条线段上,一定有一个点在两点之间,而在球面几何,3个点在大圆上,任何一点会在另外两点的中间,是不是很奇妙?"

"这真是奇妙的世界。"小王子说。

"我现在让你看这个地球仪。如果你是一个飞行员,要驾驶飞机从佛罗里达州机场飞到亚洲菲律宾的马尼拉。你要怎样飞呢?”

“不会是两点一直线地飞吧!”小王子说,“是否应该往北飞经过阿拉斯加,最后往东南方向飞向菲律宾?”

“正确,因为你是沿着球面的大圆在飞行。现在我要你回去想想怎么解决球面上的给宠物打水最短路径的问题。明天再告诉我你的想法,好吗?”

“是否只有平面和球面两种几何呢?”小王子问。

“啊! 还有另外一种几何叫马鞍型曲面几何。”

“马鞍型曲面?”小王子好奇地问。

“你不是看过我家附近的养马场吗? 牧人骑马时上面放的马鞍就是像我所说的马鞍。这种几何也叫双曲几何。”

“这种几何和我们所谓的平面几何有什么不同呢?”

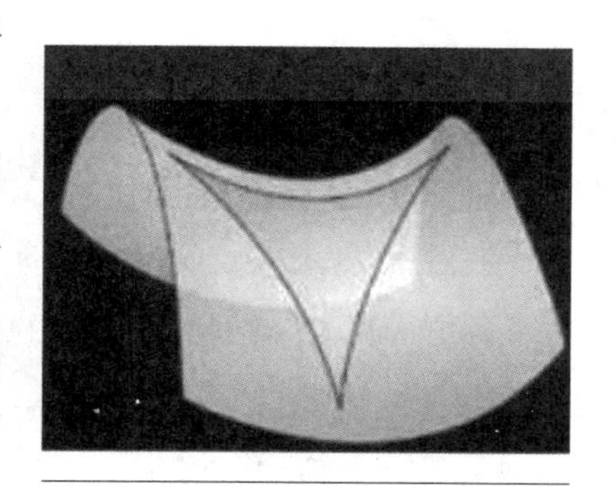

马鞍型曲面

“这种几何也有平面几何的4个基本公理,但第五公设‘从直线外一点只能有一条平行线’要换成‘从直线外一点至少有两条直线与它平行’。

由此可以推出双曲几何的三角形3个内角和小于180°。

此外,不存在相似的多边形。

过不在同一直线上的三点,不一定能作一个圆。如果能画一个圆,它的圆周大于2π乘以半径。”

“这真是奇怪的世界。”

“是的,非常奇怪。马鞍型曲面就是双曲线旋转一周后的立体,这上面的直线定义和我们普通理解的直线是不同的,那里的直线都是短程线。最初发现这几何的是200多年前俄罗斯的罗巴切夫斯基和匈牙利的亚诺什·波尔约(Janos Bolyai,1802—1860)。

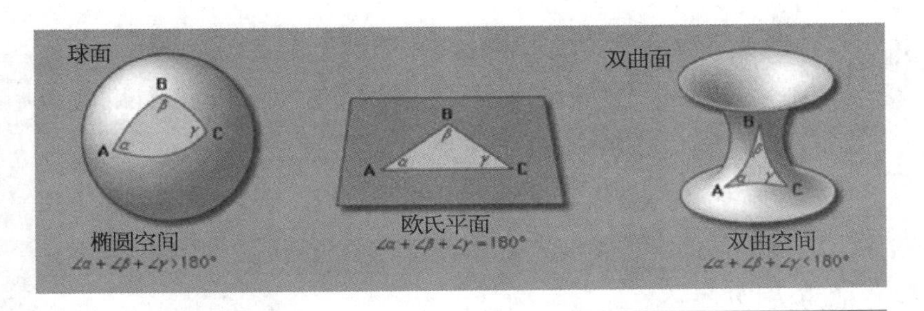

不同曲面上的三角形

亚诺什·波尔约是匈牙利数学家法尔卡什·波尔约(Farkas Bolyai,1775—1856)的儿子。法尔卡什是高斯的同学,终身从事第五公设的证明,毫无成就,内心非常痛苦。亚诺什在父亲的教育和影响下,从小就十分喜爱数学,13 岁就掌握了微积分,15 岁时在数学的不少方面已经与他父亲不相上下了。亚诺什的非欧几何思想也是从他父亲那里吸收来的。不过,当他 20 岁出头不久,他的这方面思想已经远远超出他的父亲。

1823 年底,年仅 21 岁时,他向父亲报告自己的研究结果:‘在非欧几何方面,我已得到如此奇异的发展,致使我自己也为之惊讶不止,已创建一个新的、不同的世界。’直到 1832 年,波尔约的文章才作为他父亲的一本著作的‘附录’发表。波尔约在独立的情况下,比罗巴切夫斯基稍晚几年发表了非欧几何方面的研究成果。

波尔约父子纪念邮票

事实上高斯早就发现非欧几何了。1826 年 2 月 23 日，罗巴切夫斯基以《几何学原理的扼要阐述，暨平行线定理的一个严格证明》为题，宣读了他的关于非欧几何的论文，但这篇革命性的论文没有被理解而未予通过。罗氏几何的创立对几何学和整个数学的发展起了巨大的作用，就是因为太奇怪了，非常不合乎常理，一开始并没有引起重视，人们对非欧几何的抗拒心理表现得很明显。一些数学家嘲笑非欧几何学是一种荒诞离奇的'笑话'，是对'有学问的数学家的讽刺'，就像英国数学家德摩根(De Morgan)甚至在没有亲自研读非欧几何著作的情况下就武断地说：'我认为，任何时候也不会存在与欧几里得几何本质上不同的另外一种几何。'甚至与数学毫不相关的作家歌德，也在临死前完成的《浮士德》里，对非欧几何进行了一番嘲弄。

高斯私下对罗巴切夫斯基称赞有加，并推选他为格丁根皇家科学院通讯院士，但在公开场合，高斯自始至终对罗巴切夫斯基的非欧几何著作绝口不提。直到罗巴切夫斯基去世后 12 年罗氏几何才逐渐被广泛认同。"

"啊！为什么学校里没有提到这种几何呢？"小王子问。

"这种几何以后你们读大学时可能会学到，由于老师怕孩子会混乱，因此通常不会讲。"

"那么宇宙是什么样的几何呢？"小王子好奇地问。

"非常好！你的问题显示你有好奇心，有探索的欲望。你以后学习也要常保持这种态度，不要被动地接受别人教给你的东西。要常常问：'为什么？''怎么样？'

爱因斯坦认为宇宙空间的几何是非欧几何，而且几何和引力有一定的关联。但是如果你生活在地球上这个狭小的空间，平面几何就够了。

如果你的飞船飞向靠近黑洞的空间，由于引力场巨大的改变，那时可能就有不同的几何。

1966年罗马尼亚的特尔古穆列建的波尔约父子纪念雕塑

罗巴切夫斯基纪念邮票

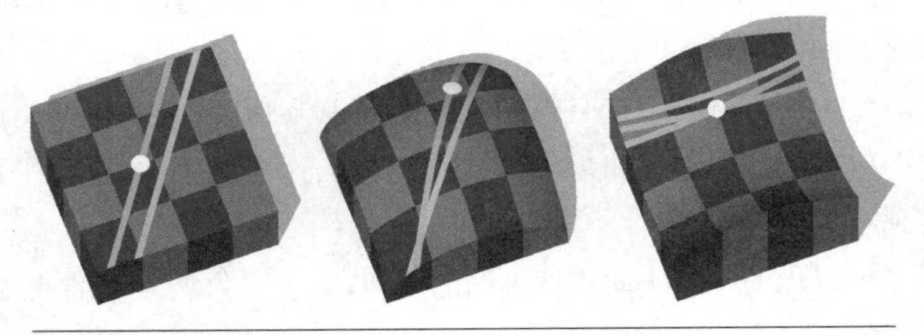

不同弯曲空间中的“直线”

比方说如果你要测量一个三角形，它处于双曲面上，你就要用公式

$$(\pi - A - B - C)\frac{1}{K^2}$$

这里 A，B，C 是这三角形的内角，而 K 是高斯曲率。这个定理是高斯在 17 岁时发现的。”

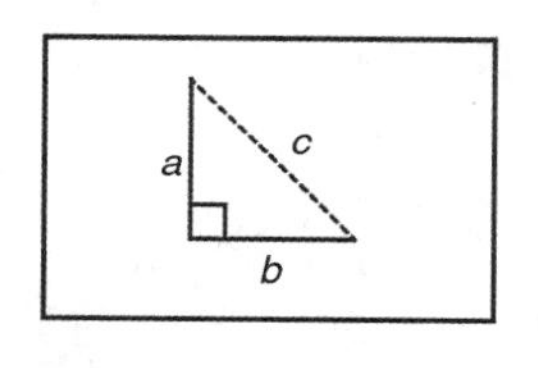

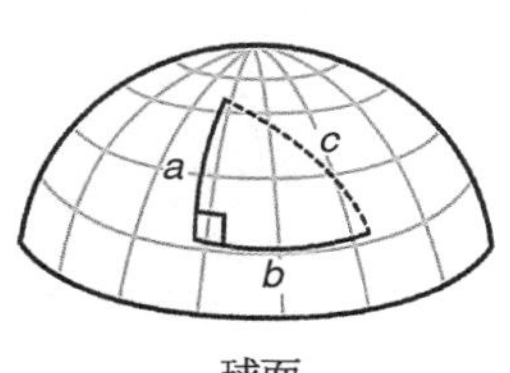

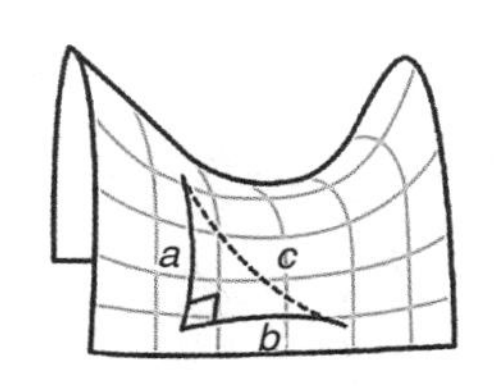

不同空间中的直角三角形

10 谈小川洋子的数学家小说

直觉很重要,就好像狗一看到鱼背一闪,就会立刻跳进水里抓鱼一样,要凭直觉来看数字。

——小川洋子小说中博士的话

数学的真理隐身在无人去过的路的尽头,而且,并不一定在山顶上,有可能在悬崖的峭壁间,也可能在山谷的深处。

——小川洋子小说中博士的话

日本小说家小川洋子

“老爷爷,今天你会和我谈什么样的数学?”

我躺在后院的躺椅上晒太阳,天气很好,温暖适中,我竟睡着了,手上的小说掉在草地上。小王子的出现把我唤醒了。

“啊！你来了，我今天和你聊一个日本小说家小川洋子(Yoko Ogawa，1962—　)写的一本小说里的人物。”

小川洋子小说的英译本和中译本

“我猜是否和数学家有关系?”

“对！你猜中了。这小说中的一位日本数学家在1957年发生车祸，撞到头部，丧失了记忆力。他能记起30年前发现的定理，但记不起在80分钟前所经历的事。也就是说他的头脑只能像容纳80分钟的录影带，要录新的内容，以前的记忆就会被冲洗掉。”

“这真可怜。你能告诉我他的故事吗?”

“小说名叫《博士的爱情算式》，在2003年出版之后，获得读卖文学奖，2006年一部同名电影拍摄。这书被翻译成中文、英文。2010年，小川洋子凭借《博士的爱情算式》英文版第二次提名英国独立报外国小说奖。我有中文译本，你看地上躺的那本就是。

我也看过电影，演员非常成功地演绎了小说的重要人物，以后你可以看电影。”

“小说除了数学博士外，还有什么人呢?”

《博士的爱情算式》电影海报

“主要是一个 30 多岁的女管家,她在 1992 年 3 月应聘到博士家去工作,她有一个儿子,他的头顶平坦得像根号,博士叫他‘根号’。

这位博士生活中只有数学:数学公式、数学符号,摸着她儿子的平头,就说:‘只要使用根号,就能给无穷的数字、肉眼看不到的数字一个明确的身份。’

女管家的任务是:星期一到星期五,上午 11 点来博士的家,照顾他吃午饭,再整理房间,然后去买菜,做好晚饭,晚上 7 点就回家。

聘用她的是这位数学家的嫂嫂。她住在豪华的主屋,而在后院一角有一个简陋破旧的平房偏屋,博士一个人住在那里。管家的工作就是全职照顾这位博士的生活。”

“这位数学家是怎样的人呢?”小王子好奇地问。

我捡起在草地上的书,翻开书页说:

“让我读书上描写博士的段落:

‘博士 64 岁,以前在大学教数论。但他的外表比实际年龄更加憔悴,严重的驼背让他原本只有 160 厘米的身高看起来更矮,瘦骨嶙峋的脖颈皱纹之间堆积体垢,蓬乱的白发兀自朝喜欢的方向生长,把有大耳垂的耳朵遮住了一大半。他的声音无力,动作缓慢,无论做什么事都要花上我(即女管家)原本预计的两倍时间。

然而,撇开这些龙钟老态后仔细观察,不难发现他曾经帅气的容貌。至少,他还保留足以证明他曾经是个美男子的风采。利落的下颚线条,轮廓很深的脸庞依然看到令人心动的影子。

无论在家或是百年难得一次的外出,博士每天都穿着西装,打好领带。三套西装，冬季、夏季和春秋季合穿西装各一套；三条领带；六件衬衫；一件羊毛制的真正大衣，是他衣橱中所有的行头。连一件毛衣或一条棉制长裤都没有。对管家来说，是很容易整理的衣橱……

博士的衣着有个最让我搞不懂的问题，他的西装上到处是用夹子夹着的纸条。领口、袖口、口袋、上衣下摆、裤子皮袋、纽扣洞上，想得到的地方都夹着纸条。大多夹子拉扯西装布料，整件衣服变了形。有些是随意撕下的纸片，也有些已经泛黄，几乎要磨破了。每张纸上都写了一些字，要凑得很近，瞪大眼睛，才能看清楚到底写了些什么。虽然我知道他应该记了一些不可以忘记的事来弥补只有80分钟的记忆，又怕自己忘记这些纸放到哪里去了，只好别在自己身上，但要接受他这样的装扮，比回答鞋子尺寸的问题困难多了。'”

“老爷爷，这位数学家真是可怜，我可以想象没有什么记忆力的人生活和工作真是不方便。他怎么这么不幸呢?”

“这位博士是靠他哥哥的纺织工厂的营运才能到英国念书研究数论，然后回日本在一个研究所工作。可是哥哥却因急性肝炎去世，嫂嫂把工厂收起来，在土地上建上公寓，靠收房租为生。

博士在47岁时开车，被一个打瞌睡的司机撞上，脑部受伤之后，失去了研究所的工作。他靠解答数学杂志悬赏问题赚一些微薄的奖金，完全没有其他收入，靠寡嫂资助生活。他没有结婚，直到64岁。

以前有9位管家来照顾他，但是受不了他的数学轰炸，许多人只做了一两星期就被开除。”

“这位博士应该不好相处。”小王子说。

“是的，女管家去他屋子报到，这个人没有问她名字，而是问穿几号的鞋子。她回答：‘24号’。

这个怪人就说：‘哇！多纯洁的数学，是4的阶乘，4！=24。’

管家不知道什么是阶乘。

博士解释:‘把1到4的所有正整数相乘,就等于24。’

然后他问她的电话号码。

她说:‘5761455。’

‘5761455? 真了不起。这是1亿以下的素数总数。’”

“老爷爷,这个博士真是怪,能知道这么多东西。”

“是的,小说中管家就说:‘虽然我不理解自己电话号码到底有多了不起,却体会到他语气中充满了温馨。他并非炫耀自己的博学,相反的,我感受到他的谨慎和率真。那份温馨几乎让我陷入一种错觉,觉得我的号码隐藏着某种特殊的命运,而当我拥有这些号码,或许因此有了特殊的命运。’”

“他生活在数字当中,和人互动是以数字来联系,真是奇怪。这管家又不懂数学,真是很难和他相处。”

“的确如此。管家要做饭给他吃,可是冰箱和厨房橱柜除了一盒受潮的燕麦片及过了有效期4年的意大利面,什么都没有。她敲书房的门,没有反应,于是不顾礼貌打开书房的门,问博士:‘中午想要吃什么?’

‘我正在思考,打断我的思考,比掐我的脖子还痛苦。我和数字相爱的时候,你这样鲁莽闯进来,比偷看人家上厕所更没礼貌。’”

“哎呀! 管家怎么能为这样的人服务呢?”

“其实,他也不是那种蛮不讲理的雇主。在那天吃完晚饭,管家正整理碗筷时,他很努力想找话题与她谈话,他问:‘你的生日是几月几号?’管家说:‘2月20号。’

‘喔……220。’

博士脱下他手上的腕表让她看,说:‘这是我在大学时代,凭一篇超越数的数论论文获得学长奖的奖品。’

管家称赞他:‘真是了不起的奖。’

但是博士说:‘这不是重点,你有没有看到表上刻的数字?’

表背上刻‘学长奖’No. 284。

然后他不要她洗碗，告诉她 220 和 284 的奇妙关系。”

最小的“友谊数”或“亲和数”220 与 284

“220 和 284 都是偶数，都是三位数。有什么关系呢？”

“这也是管家困惑的地方。博士对她解释什么是一个数的因数，然后引导她找 220 和 284 的除了自身的因数。

220 与 284 的关系

220 的真因数：1，2，4，5，10，11，20，22，44，55，110。

284 的真因数：1，2，4，71，142。

然后要她把这两组因数加起来。

你看，1＋2＋4＋5＋10＋11＋20＋22＋44＋55＋110＝284，

1+2+4+71+142=220。

这就是希腊数学家2 000多年前研究的‘友谊数’(friendship numbers)。寻找另外的友谊数开启管家对数学的兴趣。”

“看来这博士是一个很好的老师。”小王子说。

“是的,管家说博士对食物不在意,对政治时事不感兴趣,也没有任何人和他联系。小说里这样写:‘当谈论内容朝向他完全不了解的方向发展,他既不发脾气,也不着急,只是默默等待,直到自己能够参与。

因此,我们只有谈论数学时,彼此才能敞开心胸、毫无顾忌。从前读书时,我只要看到数学课本就浑身发毛,如今却能坦诚地接受博士教的数学问题。我并不是以管家的身份配合雇主的兴趣,而是因为他懂得怎样教。他看到算式时所发出的惊叹,对美的称赞,以及闪闪发亮的眼神,都令人感到意味深长。

最重要的是,因为他根本不记得曾经教过我,所以我可以毫无顾忌反复问相同的问题。一般的学生只要听一遍就能理解,我却需要听五遍、十遍,才好不容易搞懂是怎么回事。’”

“老爷爷,我和这管家一样也是需要十问才知道一个问题,还好你像那个博士那样能不厌其烦对我解释使我搞清楚,我真要感谢你这个好老师。”

“小说提管家要找接下来的友谊数,可是一直找不到。她让十岁的儿子协助她做加法运算,博士惊异地知悉管家是单亲妈妈,与孩子一起生活,放了学就跑去公园玩棒球,她为了生计在外面工作,没法子照顾孩子。

博士开始担心这孩子独自在家会发生意外,要她以后让孩子放学后来他家做功课,这样可以留在妈妈的身边。

于是小说的另一个主角出现了。”

“我想好戏出现了。”小王子说。

“是的,管家的儿子第二天根据妈妈画的地图,放学后来到博士的住处。这时小川洋子这样写会见的情景:‘当儿子背着书包出现在玄关,博士满脸笑容,张开双臂拥他入怀……他的双臂充满慈爱,愿为眼前的弱者遮风挡雨。亲眼看到自己的儿子被别人以这种方式拥抱入怀,实在是莫大的幸福,甚至让我有点吃醋。希望博士也能用这种方式迎接我。’

博士给这孩子一个昵称:‘你是根号。这是一个面对任何数字都不会有丝毫为难之色,以宽大的胸怀加以包容的符号。’

他为了防止自己遗忘,在袖口的纸条上添加了:‘新管家和她10 岁的儿子$\sqrt{\quad}$。’”

“老爷爷,博士没有收入怎样过日子?”

“基本上食物是由嫂嫂靠收租的收入提供,他是靠解决数学杂志提供的有奖问题得到一点奖金为生。

可他认为解这种问题只不过是游戏罢了。”

“为什么呢?”

“博士自己解释:‘提出问题的人已经知道答案了,解答这种保证有答案的问题,就像是有向导带着你走能够看到山顶的登山道。数学的真理隐身在无人去过的路的尽头,而且,并不一定在山顶上,有可能在悬崖的峭壁间,也可能在山谷的深处。’”

“他有没有帮管家的小学生学习数学?”

“有,他教这孩子分数、比例和体积以及怎么解应用题,像‘用380 日元买了两条手帕和两双袜子,买同样两条手帕和五双袜子要 710 日元,请问,一条手帕和一双袜子各要多少钱?’”

小说描写一老一小学习数学的情境很有趣:“歪着头,脸贴在对他说有点高的书桌上,用力握着满是齿痕的铅笔。博士轻轻跷着二郎腿,不时摸着稀疏的胡子,看着根号的手,博士既不是体衰的老人,也不是投入思考的学者,而是保护弱小的正当庇护者。两个人的轮廓靠近,重叠,进而合为一体。铅笔的沙沙声,博士假牙发出的声音和雨声都融为一片。

‘我可不可以把算式一条一条列出来?学校老师要写成一条总算式,不然他会生气。’

学生为了避免算错,认真做每个步骤,这样也生气,这种老师也真奇怪。”

“他们的互动很有趣。”

“是的,根号说既然博士出题目给他做了,他是否可以要求博士把他的收音机修好?因为他家没有电视机,收音机又坏了。可职棒锦标赛已经开打,他想听比赛过程的播放。

博士让根号算 $1+2+3+\cdots+10$。

而天气很好,公园又樱花盛开,管家希望博士能出去散步,呼吸新鲜空气,不要老是躲在密闭的破旧老房子里。可是博士很久没有出门,鞋柜里的皮鞋长着一层微菌,而他也执意不出去。

最后他被说动出去散步,可是又不换那贴上许多纸条的旧西装,这样奇怪的打扮引起路人注目和狗的吠叫。但是他执意不肯脱下旧西装,最后只好由他去。

管家带他去理发厅理发,修整他杂乱的白发。

最后他们坐在公园长椅上喝罐装的咖啡,管家问他在外国学的什么数学。博士说:‘数论!在剑桥大学研究的是正整数 1,2,3,4,5,6,7,…。

比方说奥地利数学家埃米尔·阿廷(Emil Artin)1927 年提出的整数 3 次方的阿廷猜想,这是建立在圆法的基础上并运用了代数几何、代数数论、丢番图近似理论。

有一段时间,我还试图寻找可以推翻阿廷猜想的 3 次方,最后完成了在特殊条件下的证明……’”

“啊!老爷爷,我听不懂他讲什么。”

“是的,这是很深的理论,一般人是听不懂的。”

“老爷爷请讲点我能听懂的东西好吗?”

“好的,我要讲完全数。

博士写下 28 的所有真因子：1,2,4,7,14。

然后把它们加起来，1+2+4+7+14=28。

如果 n 具有性质：它的所有真因数的和是它本身，就称它是完全数，即

$$n=\sum_{\substack{d\mid n\\ d\neq n}} d$$

我现在和你玩一个游戏。定义：

$$\sigma(n)=\sum_{\substack{d\mid n\\ d\neq n}} d$$

你看：$\sigma(2)=1$，

$\sigma(3)=1$，

$\sigma(4)=1+2=3$，

$\sigma(5)=1$，

$\sigma(6)=1+2+3=6$，

$\sigma(7)=1$，

$\sigma(8)=1+2+4=7$，

$\sigma(9)=1+3=4$，

$\sigma(10)=1+2+5=8$，

$\sigma(11)=1$，

$\sigma(12)=1+2+3+4+6=16$，

$\sigma(13)=1$，

$\sigma(14)=1+2+7=10$，

$\sigma(15)=1+3+5=9$，

$\sigma(16)=1+2+4+8=15$，

$\sigma(17)=1$。”

“老爷爷，我知道如果 n 是素数，$\sigma(n)=1$。而 6 是最小的完全数。完全数是有 $n=\sigma(n)$。”

“现在我构造一个图,如果 u,它的 $\sigma(u)=v$,我就从 u 画一个有向箭头指向 v,因此你可以看到这图的一部分。

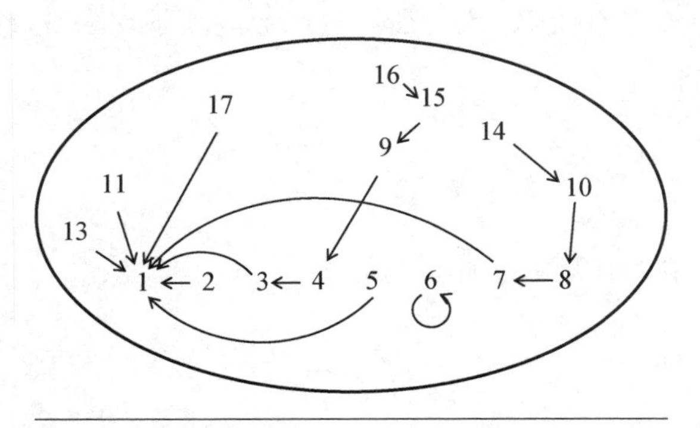

真因子和迭代图

以后的完全数有 28,496,8 128,33 550 336,再接下来是 8 589 869 056。

博士对管家说完全数可以用连续的正整数和来表示:

$6=1+2+3$,

$28=1+2+3+4+5+6+7$,

$496=1+2+3+4+5+6+7+8+9+10+11+12+13+14+15+16+17+18+19+20+21+22+23+24+25+26+27+28+29+30+31$。”

“哇。完全数真神奇。”

“是的,它们是迭代图里的不动点,可是我们几千年来还未能完全了解,欧几里得在他的《几何原本》第 9 章命题 36,证明了:

[完全数定理] 如果 2^n-1 是素数,则 $2^{n-1}(2^n-1)$ 是完全数。

以下是仍未解决的:

[完全数猜想 1] 存在无穷多个完全数。

在欧几里得 2 000 年之后,瑞士数学家欧拉证明了:

[完全数定理 2] 所有的偶完全数是形如 $2^{n-1}(2^n-1)$ 的样子,这里 2^n-1 是素数。

有一个至今还未解决的：

［完全数猜想 2］是否存在奇完全数？"

"老爷爷，这真是还未解决的问题吗？不可以用电脑帮助寻找吗？"

"不行，人们搜索到这么大的数字，仍然没有发现奇完全数，是否不存在呢，真的是悬而未决的问题。"

"老爷爷，你能再回来讲博士和小学生怎样互动的故事吗？我很想听。"

"老博士让根号去计算 1＋2＋3＋4＋5＋6＋7＋8＋9＋10，根号告诉他答案是 55。

博士问他怎么得到答案，孩子回答：'这还不容易，就是一个一个加起来。'

博士说：'很规矩的方法。是一个不会受到任何人指责的踏实做法。

但是如果一个坏心眼的老师，叫你从 1 加到 100，甚至加到 1 000，或 10 000，你能不能一个一个加呢？

并不是算出答案就代表完成了习题，还有另一条路也可以到达 55，你不想试试那条路吗？'

根号赌气说：'不想。'他希望博士能信守诺言，把收音机拿去修理，他要听职业棒球比赛的赛情。"

"老爷爷，这日本小孩不知道高斯 8 岁时发现的方法吗？

$$
\begin{array}{r}
S=1+2+3+\cdots+n \\
+) S=n+(n-1)+(n-2)+\cdots+1 \\
\hline
2S=(1+n)+(1+n)+\cdots+(1+n)
\end{array}
$$

$$\therefore S=\frac{n(1+n)}{2}\text{"}$$

"是的，但是最后他总算得到类似的方法。博士又介绍孪生素数的概念{3,5}，{5,7}，{11,13}，{17,19}，{41,43}，…，就是两个素数，它们之间的差是 2。博士告诉管家母子这也是一个著名猜想：‘孪生素数’有无穷多个，但是仍然没有人能解决。

有一天由于沙拉油用完，她要外出去买，留下儿子与博士在一起。儿子想切个苹果给博士吃，不小心切到大拇指和食指中间，血流不止。管家回家，看见博士惊慌失措，害怕根号会死去。

他们打电话到附近的医院，得知都已经结束门诊，只有车站另一侧的小儿科诊所可以治疗。博士背着30多公斤的小学生，穿上发霉的皮鞋，拼命跑到医院。

在那里根号的伤口缝上了两针，后来被带去检查肌腱有没有受伤。博士和管家坐在走廊等待时，看到X光室上用来表示X射线的三角形图案，博士问管家知道不知道‘三角数’。

博士要解除心中的不安，对她谈数学：

每个三角形中的黑点数分别是1，3，6，10，15，21，…，用算式表示，就是

$$1,$$
$$1+2=3,$$
$$1+2+3=6,$$
$$1+2+3+4=10,$$
$$1+2+3+4+5=15,$$
$$1+2+3+4+5+6=21。$$

也就是说，不管它愿不愿意，三角数代表了从1到某个数为止的正整数的和，将同样的两个三角形放在一起，就会发挥更大的作用。我们来试试第4个三角数的10。

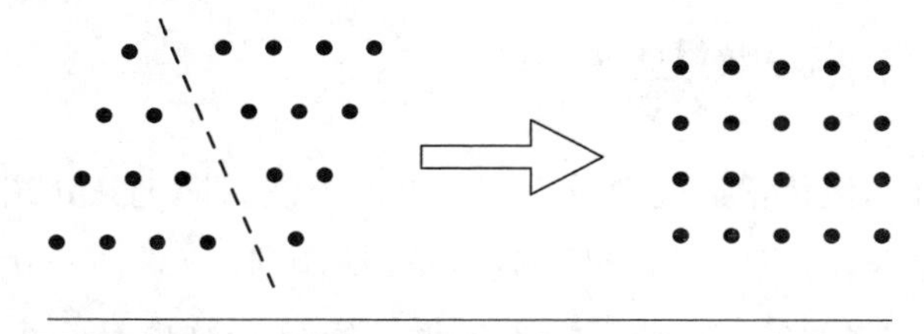

说明三角数公式的无字证明图

‘1 到 10 的正整数和，就是

$$\frac{10 \times 11}{2}=55$$

1 到 100 的正整数和，就是

$$\frac{100 \times 101}{2}=5\ 050$$

1 到 1 000 就是

$$\frac{1\ 000 \times 1\ 001}{2}=500\ 500$$

……

你真的能理解我说的话吗？’

‘没问题，不用担心。三角数那么美，请不要哭了。’管家说。”

“老爷爷，看来博士对小学生产生了感情。”

“小学生和管家想带博士去看棒球赛，谁知外出之后，回来时博士生病了，管家为了照顾他，没有回家，而是在博士家过夜。

博士的大嫂发现后，就向职业介绍所投诉她破坏合同，要解聘她。

管家离开了博士，在不同的地方工作。她会时常回想博士教她的数学，想起博士的话，譬如：‘了解了素数的性质，既不会给生活带来方便，也赚不了钱。虽然数学本身远离尘嚣，但仍然有许多数学的发现应用在现实生活中。椭圆的研究成为行星的轨道，爱因斯坦运用非欧几何学提出了宇宙的形状。就连素数也成为密码的基础，成为战争的帮凶，实在太丑陋了。但这些都不是数学的目的，数学只有一个目的，就是找出真理。’

‘永恒的真实是肉眼看不到的，也不会受到物质、自然现象和感情的影响，但数学能够解开真实的奥秘，也能够以数学来表现真实，任何东西都无法阻挡。’

博士最好的朋友是数学，最大的敌人却是时间。然而他却用一个简单的数学公式，验证了爱的永恒。她会在工作时不断地思索一些和数字有关的数学问题。”

“老爷爷，小孩和博士分手后没有再回去看望他吗？”

“有，有一天这孩子在图书馆借了一本《鲁・盖里克的故事》，他想要和博士一起看。博士的嫂嫂，马上打电话给曙光管家介绍所来质问女管家是否有企图要通过这小孩来接触博士。

问她道：‘是不是为了钱，想要讨好他，拉拢他。你已经被解雇了，应该没有任何关系。’”

“啊！这嫂嫂真是咄咄逼人，怎能这样对待以前的下人。”

“对，而且她还讲得很刻薄：‘你可能看花了眼，叔子根本没有财产。他把从父母那里继承的所有一切都投进数学里了，只是丢了进去，连一块钱都没有回收。’

‘叔子从来没有朋友，从来没有朋友来找过他。’

管家倔强地回答：‘既然这样，我和根号就是他的第一个朋友。’

这时，博士突然站起来说：‘不行，不能欺侮小孩子。’

他从口袋拿出一张纸，上面写了公式：

$$e^{\pi i}+1=0。”$$

“啊！老爷爷，那是欧拉公式！”

“是的，这公式像符咒一样驱离嫂子的怀疑，不久管家又被聘回来照顾博士的家务。

而管家也去图书馆找书查资料，想了解欧拉公式的意义。

她在图书馆也看到了1975年地方新闻记载博士和嫂嫂的车子被一辆小货车撞的交通事故，造成博士头部受伤的报道。”

“这真是不幸，一个数学家的后半生就由于司机打瞌睡的失误毁了！”

“博士很关心根号，管家回忆：‘现在回想起来，博士对弱小者的爱是多么纯洁，就像欧拉公式永远不会改变一样，博士的爱也是永恒的真实。

当博士发现自己的菜比根号多，就会沉下脸，向我提出警告。无论吃鱼、牛排或是西瓜，他都认为最好的部位要留给年纪最小的人。即使在研究悬赏问题进入佳境时，也准备了无限量的时间来陪根号。

他最喜欢根号向他提问，他深信小孩子比大人更深受难题的困扰。他不仅告诉根号正确答案，更让根号为自己感到自豪。根号在博士的指导下得到答案，不仅觉得这个答案是多么的完美，更沉醉于自己竟然问了这么棒的问题。’”

“老爷爷，是否博士会喜欢这个管家?”

“啊，问世间情为何物，天长地久人悠悠。小说里有这样描述：

有时候，正当我(管家)在准备晚餐，博士会突然出现在我的面前。处于思考状态的博士很少来找我，甚至不多看我一眼。况且，我既没听到书房开门的声音，也没听到他的脚步，更令我吓了一跳。

我无法判断向他打招呼会不会惹他生气，只好默默继续挖青椒的子，剥洋葱的皮，不时抬眼看他。博士靠在厨房和饭厅之间的吧台旁，抱起双臂，一言不发地盯着我的双手，我被他看得十分紧张，手脚也不灵活起来，我从冰箱拿出鸡蛋，准备开始煎蛋。

‘请问……你有什么事吗?’我终于忍不住开口问道。

‘你不要停下来。’博士的口气十分温柔，我松了一口气。

‘我很喜欢看你做菜的样子。’博士说道。

我把鸡蛋打在大碗中，用筷子打蛋汁。‘喜欢’这句话一直萦绕耳边，我尽可能让脑袋一片空白，将注意力集中在鸡蛋上，努力不受这句话的影响。调味料已经融进了鸡蛋，蛋汁早已打匀，我仍然拼命搅动筷子。

我不知道博士为什么说这句话,可能数学问题太难了,让他的脑子出岔子了,除此以外我想不到其他的理由。"

"他们之间有没有迸发爱情的火花?"小王子紧接着问。

"你会失望,作者没有继续往这方向发展。"

"小说提到博士想解决《数学杂志》上的问题;'连日的闷热,偏屋没有冷气,通风也不佳,我们忍耐着没有半句怨言,但博士的忍耐度超过任何人。即使气温超过35度的大白天,他仍然关紧书房的门,在书桌前正襟危坐,一整天不曾脱下西装。他似乎担心一旦脱下西装,至今完成的证明也将彻底崩溃。

笔记本被汗水沾湿变了形,博士全身长满汗疹,旁人都觉得很疼。然而,当我(管家)拿电风扇进去,建议他冲个澡,我劝他多喝些麦茶,他都嫌我啰唆,将我赶出书房。

学校放暑假后,根号每天早晨都跟着我来偏屋。虽然因为上次发生过那样的事情,我虽不赞成根号一整天留在这里,博士却不让步。照理说,博士除了数学以外,对于其他方面的常识应该很缺乏,但他很清楚小学生的暑假很长,很坚持小孩子应该留在母亲身边。

博士解决了《数学杂志》的悬赏问题,管家要为他庆祝,但是他却不当一回事,管家就说9月11日是根号11岁生日,要为他庆生。

根号决定送江夏的棒球卡作为博士的礼物。他在博士屋里发现博士以前珍藏的棒球卡盒子,下面有博士29岁的博士论文,还有一张他和爱人合拍的照片,那女人竟然是他的嫂嫂!'

他们找到难得的江夏棒球卡做礼物,可是博士又忘记根号是谁了。派对的第二天,博士被送进了专门医院。博士的嫂嫂打电话告诉管家,'80分钟的录影带坏了,叔子的记忆无法向1975年之后前进一步。'

管家想去医院照顾博士，但嫂子说：'不需要，医院有专人照顾。有我在，叔子一辈子都不会记得你，却一辈子忘不了我。'

以后每一两个月管家和根号会去医院看博士，带着三明治，在医院的露台吃午餐。天气好时博士和根号会在前院的草地玩棒球，然后喝茶聊天，直到1点50分。他们持续很多年，直到他离开人世。"

"老爷爷，博士最后怎么死去？"

"小说不落俗套写博士的去世，但是却记载根号满22岁的秋天最后一次去医院探望博士的情形。

博士说：'你知道吗？除了2以外，所有的素数都分成两大类。

假设n是正整数，那么素数要么是$4n+1$，要么是$4n-1$。'

管家问：'无穷的素数都可以归成这两大类吗？比方说，13的话……'

根号回答：'$13=4\times3+1$。'

博士说：'完全正确，那19呢？'

'$19=4\times5-1$。'

'太正确了。'博士幸福地点点头。

'再告诉你一点，前者的素数都可以表示成两个整数的平方和，但后者却不能。'

'$13=2^2+3^2$。'

'如果可以像根号那么率直，素数的定理就会绽放更多光芒。'

管家向博士报告：'根号通过了中学老师的录用考试。明年春天后，他就是数学老师了。'

博士探出身体，想要拥抱根号，但举起的手臂很虚弱，不停颤抖。根号接过他的手，上前抱住博士的肩膀。江夏的球卡在博士的胸前摇来摇去。"

"老爷爷，我发现你很像小说中的博士，而我就是那个根号。"

电影中的根号

“唉！你们这些孩子看书就喜欢对号入座!”

11 哈密顿图的数学游戏

现在有些人为了能获取所谓的研究资金而从事一些简单但平凡的课题，为发表而发表，这产生了一个可想的结果，浪费宝贵的时间制造大量的所谓“垃圾文章”，即这些东西没有什么含金量，随着时间的推移，最后将被淘汰进垃圾堆里。

孩子，你要端正研究的态度，用宝贵的生命去从事一些值得后人回忆的工作。今天我告诉你的“哈密顿图”就是一个例子，你可以认真地思考。

——老爷爷对小王子的忠告

小王子今天去看老爷爷，看到他在桌前把玩一个木制的玩具，他想老爷爷是不是“返老还童”，竟然玩起小孩的玩具。

“啊！你来了。孩子，我这里有一个玩具是爱尔兰数学家哈密顿（W. R. Hamilton，1805—1865）在1857年前卖的数学游戏‘环游世界’，我等下给你玩。”

先从一个数学游戏说起，你要设法安排一个路径（哈密顿路径），不重复地走过所有的点：

爱尔兰数学家哈密顿

图 G_1 有 5 个顶点,定义 5 个相邻顶点的一个序列,我这里有 3 条哈密顿路径:

(1) (a,e,d,c,b)

(2) (a,c,b,e,d)

(3) (a,b,e,c,d)

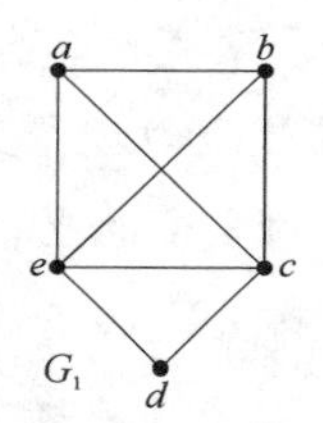

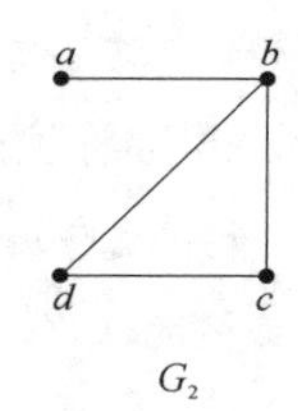

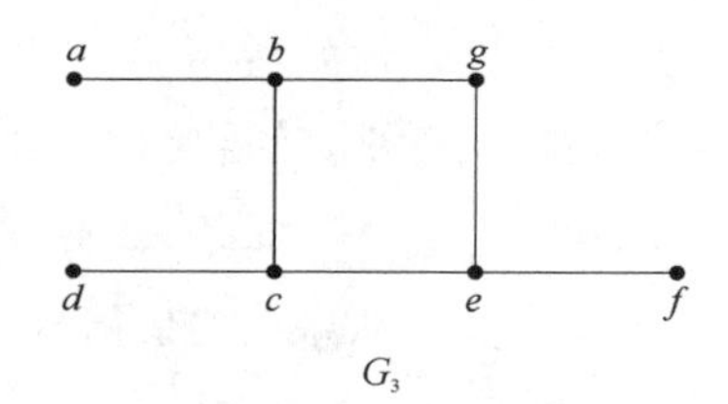

图 G_2 有 4 个顶点,定义 4 个相邻顶点的一个序列,我这里有 3 条哈密顿路径:

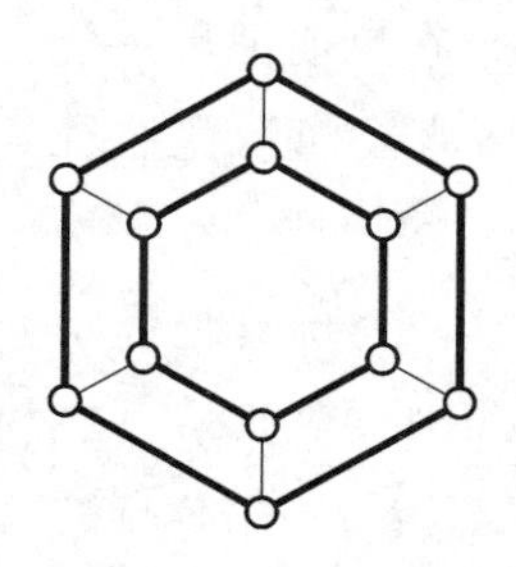

(1) (a,b,d,c)

(2) (a,b,c,d)

(3) (c,d,b,a)

图 G_3 中不存在哈密顿路径。

如左图,寻找一条从给定的起点到给定的终点、沿途恰好经过所有其他顶点一次的回路。如果存在哈密顿回路,就必须有 12 条边。

下面是 3 条不同回路:

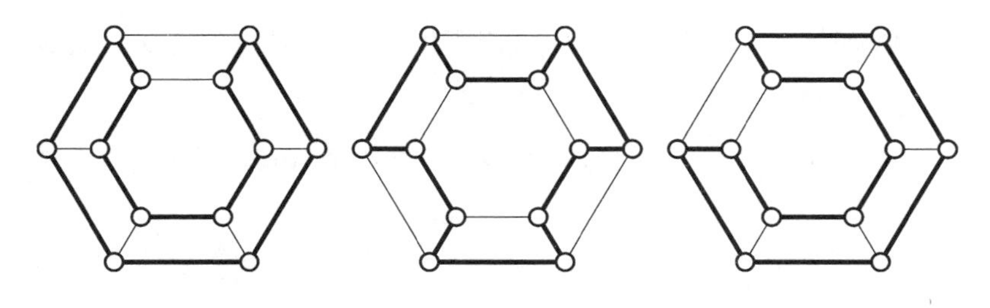

“老爷爷，这木制玩具是怎么玩呢？”

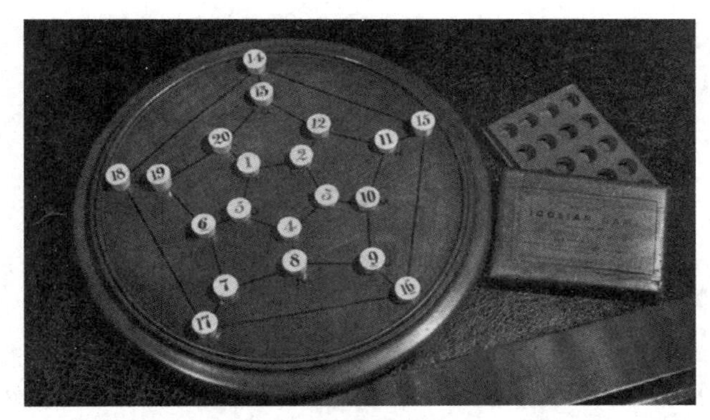

哈密顿图玩具

“我叫这个图为‘哈密顿图’，这里有 20 个空洞代表 20 个城市，你随便从一个城市出发，有 3 个选择去的方向，你要设法安排一个行程，使得去过的城市不能再回去，最后跑遍所有的城市回到最初的出发点。

如图，我这里有贴上 1，2，3，…，20 的小圆，你把它们依次序放进你走过的城市，最后有 20 号的小圆就要在 1 号圆的旁边。我现在就让你试试。”

小王子坐在书房一个角落的小桌前开始玩这木制玩具，老爷爷继续在他桌子前写一些东西和画图。

最后小王子拿给老爷爷看他找到的一个路径图方案。

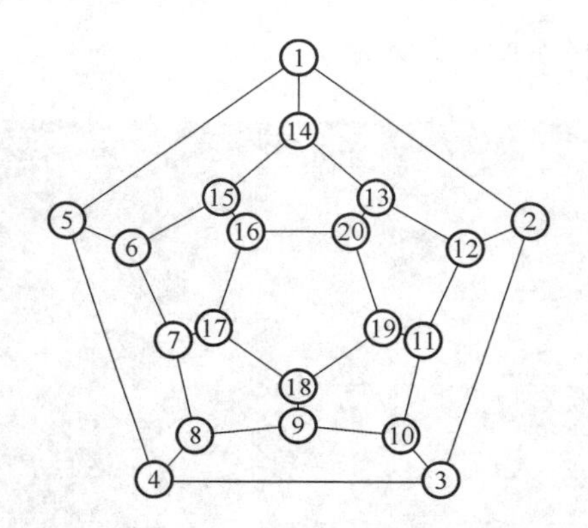

“不错！但 1 号小圆和 20 号小圆未相邻，你知道不知道还可能有的回路吗？你再试试找找。”

小王子经过几次尝试找到了以下方案：

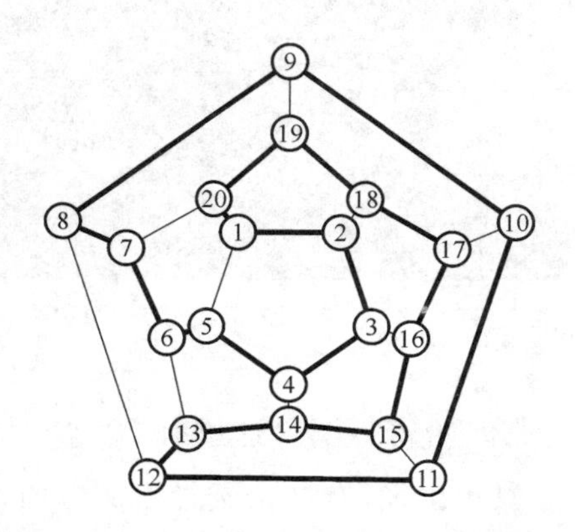

他抬头问老爷爷：“这个游戏有没有实际的用途？”

“孩子问得好！这个数学游戏可以启发你尝试不同的角度去看问题，而且它能让你看到事物许多表象虽简单，但却蕴藏一些深奥的道理。

一个看似没有什么用的不登大雅之堂的小游戏，却可以有很大的应用价值。

一个图如果我们在两个顶点之间的连线赋上数字，比方说是代表城市之间的距离。这就是一个网络的抽象模型。

在数学上有一个难题，被称为‘旅行推销员问题’，是指一个推销员从一个城市出发，要遍历他要行销的几个城市，他要怎样安排行程可以跑遍所有城市而不重复，最后回到原出发点，且要求这个安排路程是最短的？”

“老爷爷，你可以举个例子说明吗？”

“好，你看下面：

[**例 1**] 你可以找出几个哈密顿回路吗？就是遍历所有的顶点最后回到出发点的圈。”

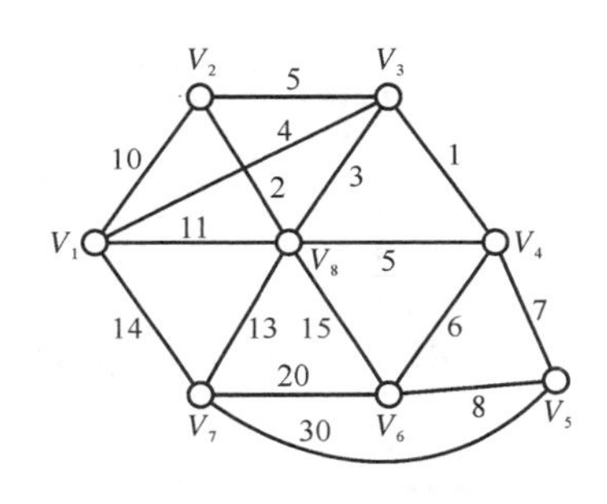

小王子找到了以下的几个：

HC_1：$V_1 \to V_2 \to V_8 \to V_3 \to V_4 \to V_5 \to V_6 \to V_7 \to V_1$

HC_2：$V_1 \to V_2 \to V_8 \to V_3 \to V_4 \to V_6 \to V_5 \to V_7 \to V_1$

HC_3：$V_1 \to V_2 \to V_3 \to V_8 \to V_4 \to V_5 \to V_6 \to V_7 \to V_1$

HC_4：$V_1 \to V_8 \to V_2 \to V_3 \to V_4 \to V_6 \to V_5 \to V_7 \to V_1$

“孩子，你就这 4 个方案看他的行程分别是多少里？”

小王子计算结果是：

HC_1 长度：$10+2+3+1+7+8+20+14=65$，

HC_2 长度：$10+2+3+1+6+8+30+14=74$，

HC_3 长度：$10+5+3+5+7+8+20+14=72$，

HC_4 长度：$11+2+5+1+6+8+30+14=77$。

“啊！真的不同回路有不同的长度。哪一个最短呢？”

“你要找最短的回路必须先知道所有回路，然后一个个地计算。哈密顿回路有多解的特性。人们发现当图的顶点数增加，它的可能的回路数呈指数形式增加，因此推销员问题在数学上被列为极难的问题。虽然问题的叙述容易明白，但解决却非常困难。

好，我们先不考虑图有边长的问题，先来讨论怎样判断给定一个无长度图是否有哈密顿回路的问题。

我这里给你几个例子，你看哪一些是哈密顿图：

［例 2］

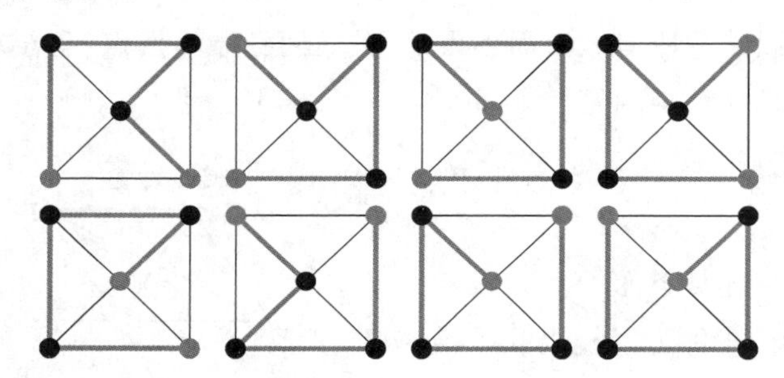

［例 3］　$P_3 \times P_3$ 的可能的哈密顿路径。

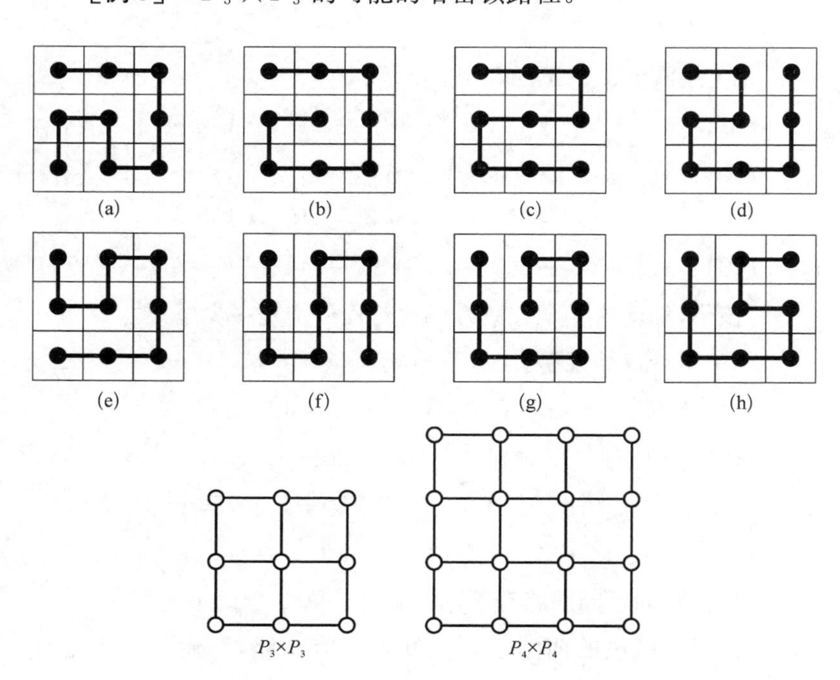

问题：一般 $a, b \geqslant 2$，什么 (a, b) 使得 $P_a \times P_b$ 是哈密顿图？

［例 4］

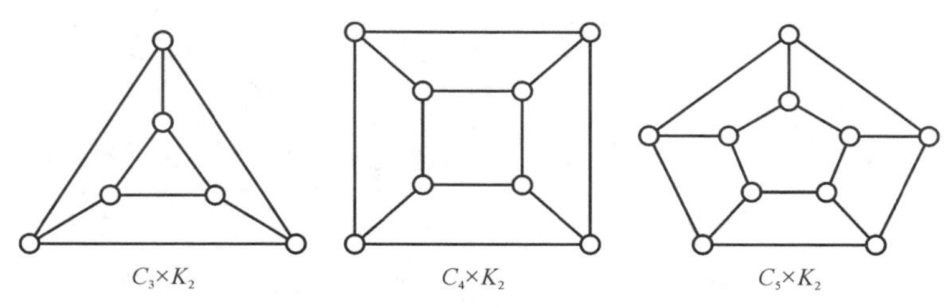

$a \geqslant 3$，什么 $C_a \times K_2$ 会是哈密顿图？例如有以下答案：

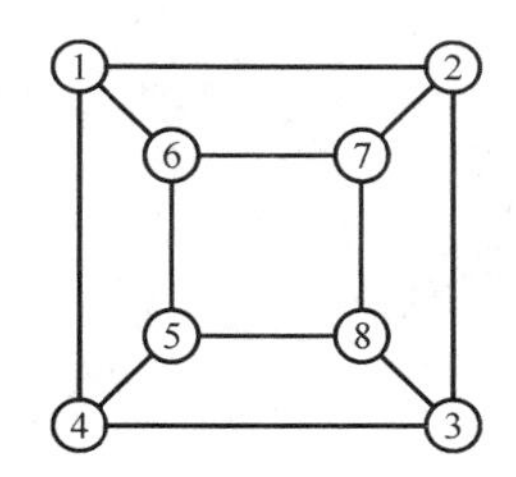

求下列各图的哈密顿回路(如果有的话)。

［例 5］

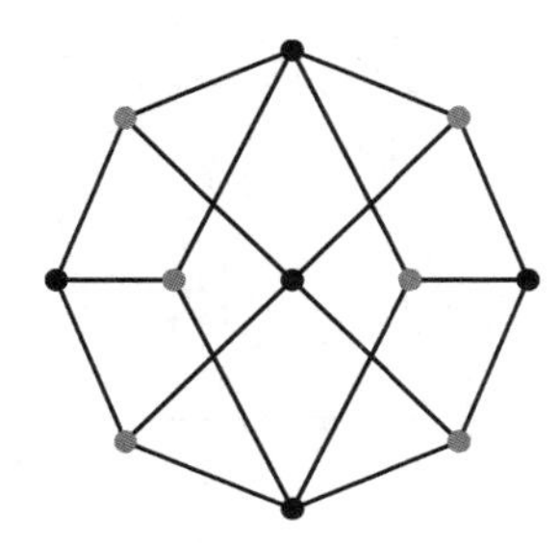

［例 6］ 广义彼得森图 $GP(n, 2)$

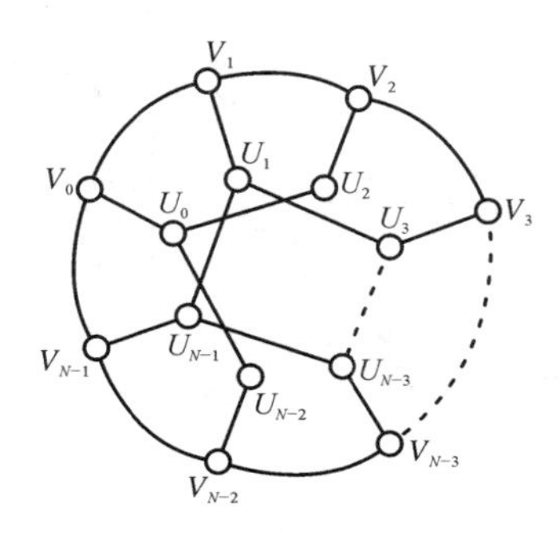

$GP(3,\ 2)$

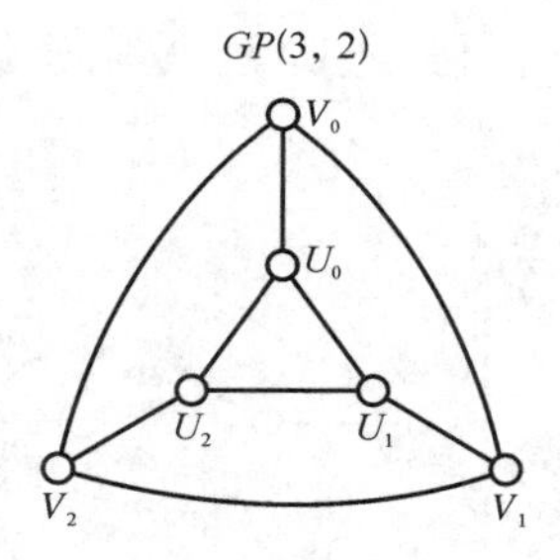

$GP(5,\ 2)$

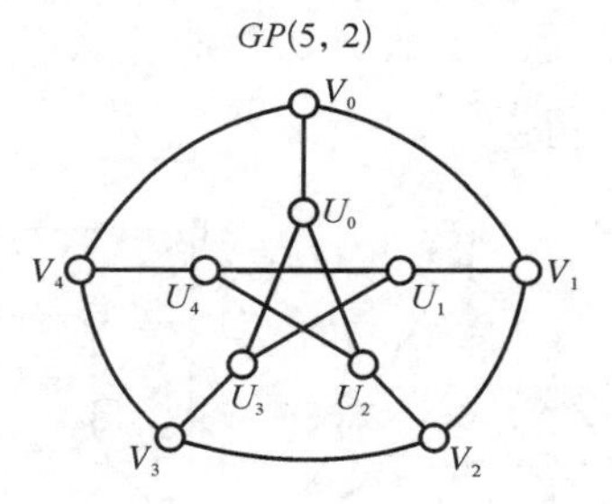

$GP(7,\ 2)$

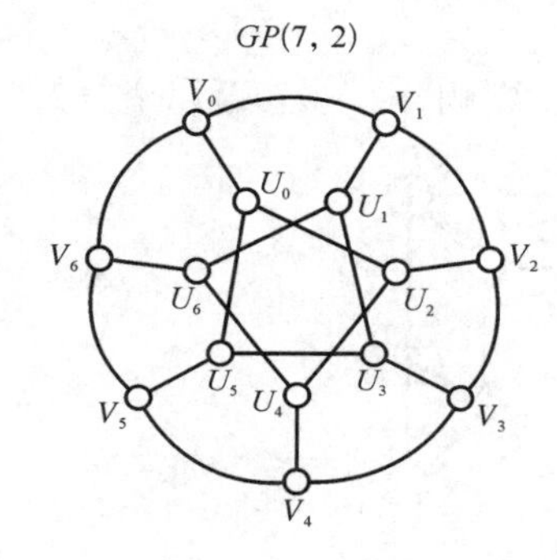

$GP(9,\ 2)$

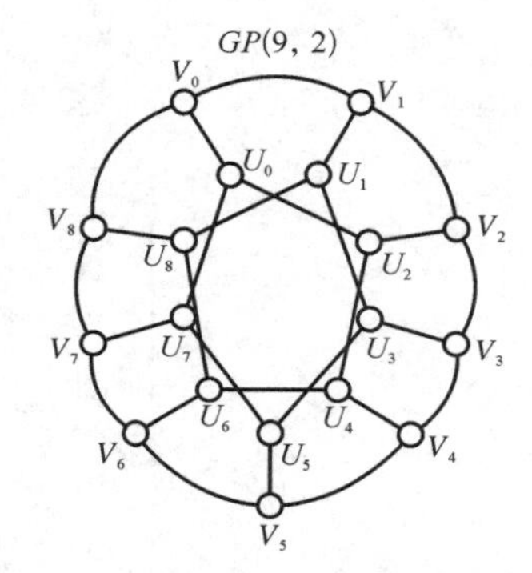

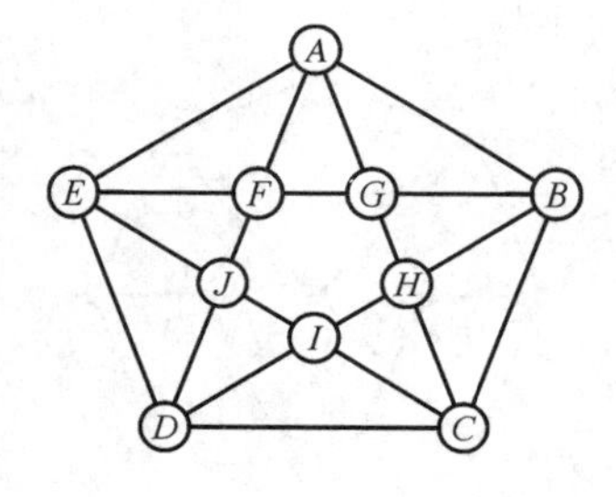

［例 7］

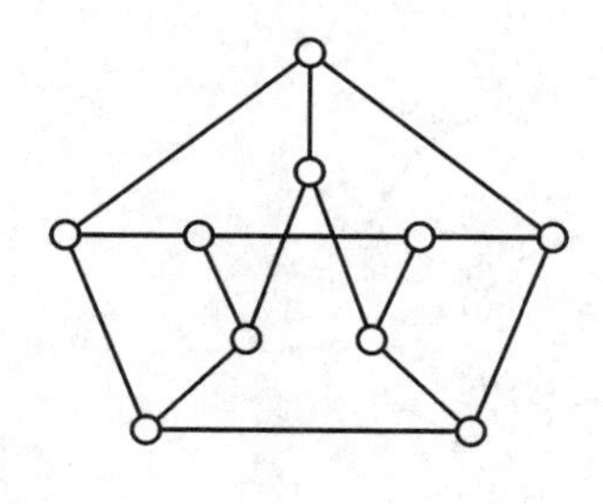

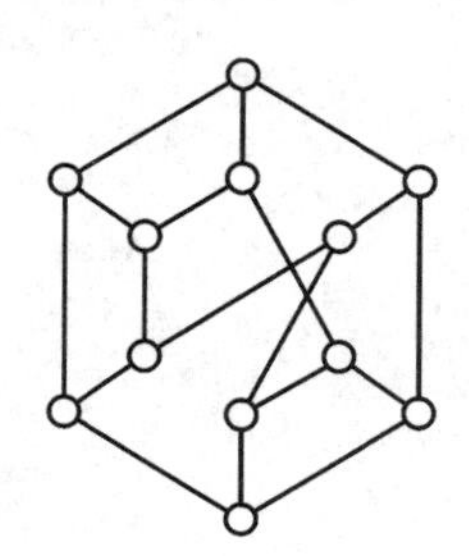

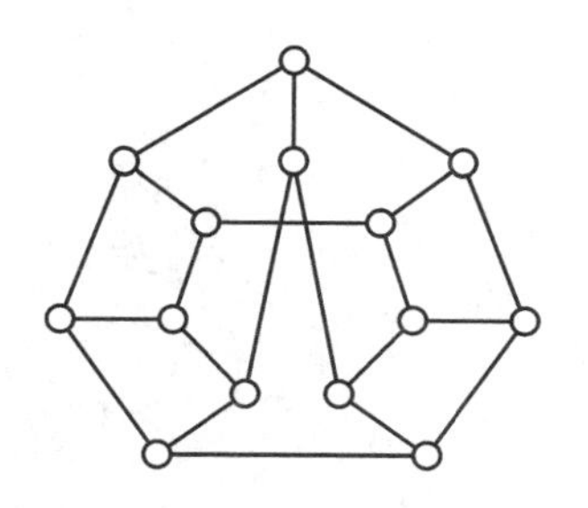
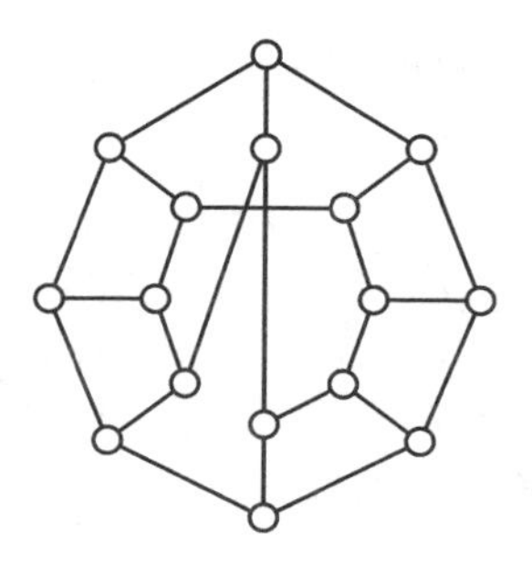

［例 8］

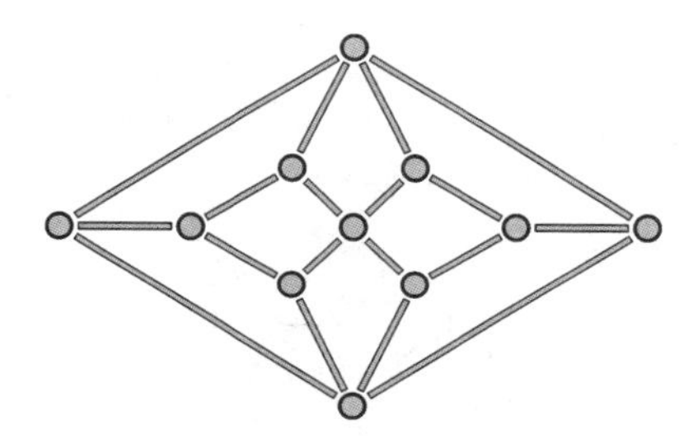

［例 9］ 篱笆图 $FG(h;b)$，$h\geqslant 3,b\geqslant 2$。

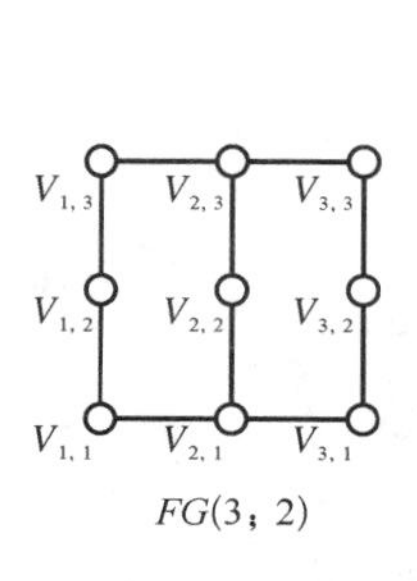

$FG(3;2)$

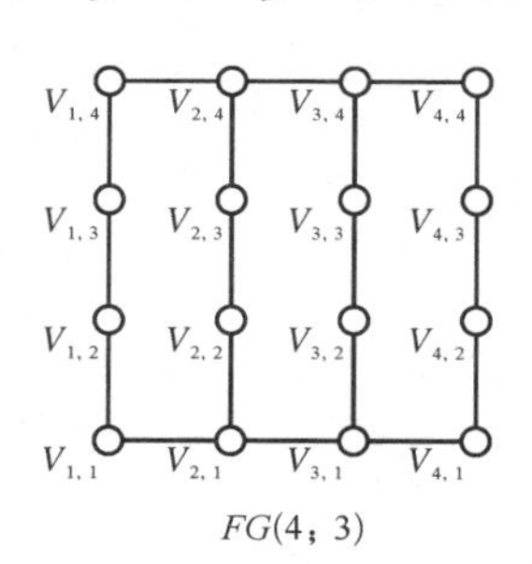

$FG(4;3)$

哪一些 $(h;b)$，使 $FG(h;b)$ 是哈密顿图？

［例 10］

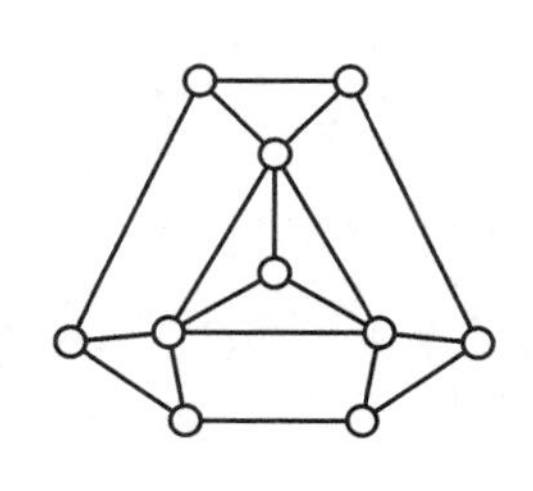
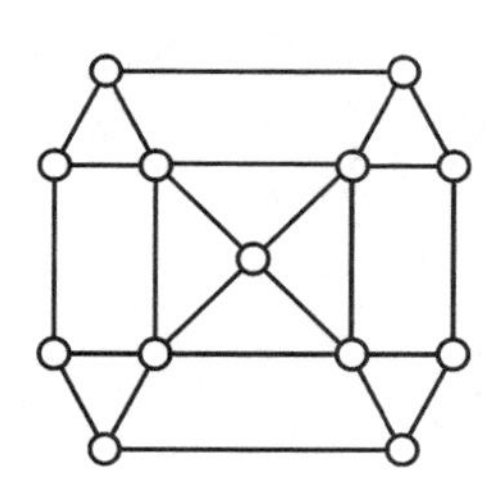
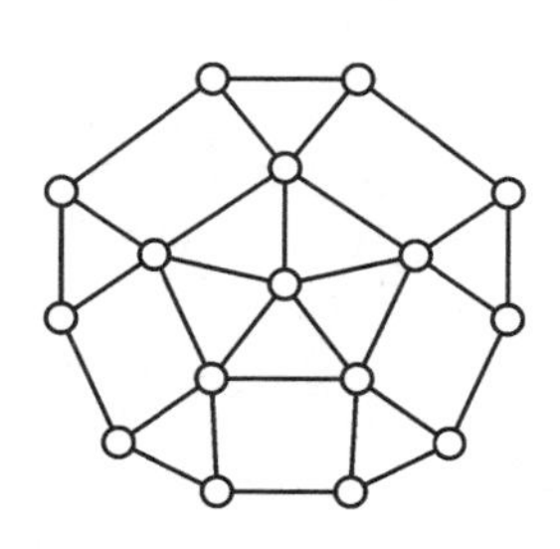

［例 11］

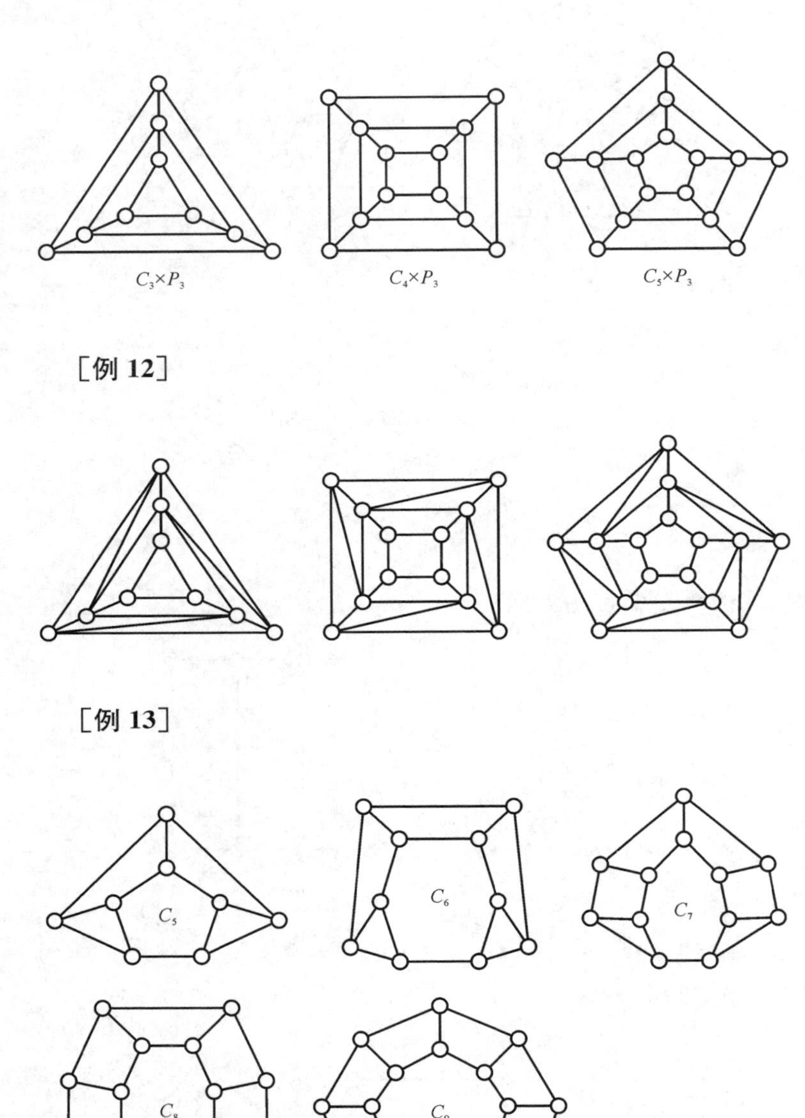

［例 14］

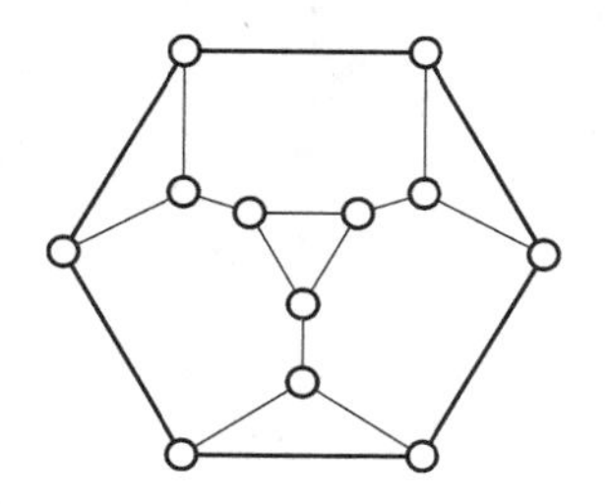

［例 15］

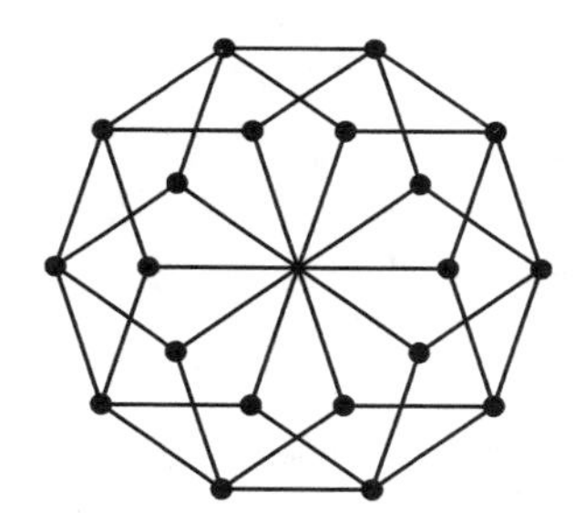

孩子，你就先试试寻找哪些是哈密顿图，哪些不是。如果不是的话，我让你考虑这个问题：

［研究课题］令 $H(1)$ 是所有的哈密顿图集合，如果 $G \notin H(1)$，是否可能加一条边 e，$e \notin E(G)$，使得 $G+e$ 变成了哈密顿图？

好，今天就到此为止，你明天来的时候，我再给你一些理论上的讲述。”

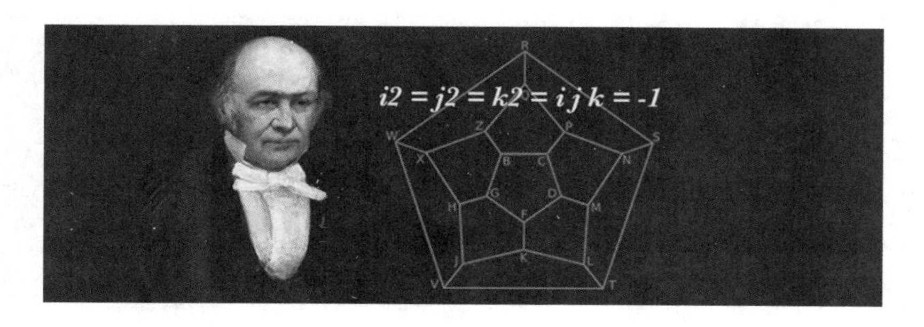

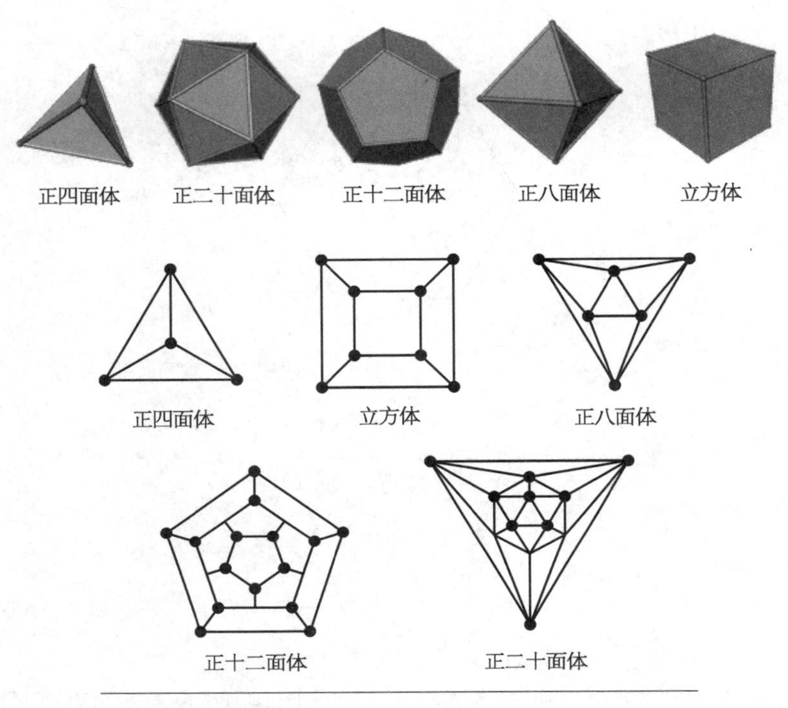

正多面体与哈密顿图

老爷爷说:“要给出一个一般图具有哈密顿圈的充分条件是一件非常不容易的事。”

老爷爷在小王子回去之前把哈密顿发明的所谓“环游世界”木制玩具送给他。

“好,谢谢老爷爷,我回去再考虑给您一个详细的报告。再见。”

2019.9.6—11

12 摘星揽月唤晨曦

——旷世奇才格罗滕迪克的传奇生涯

数学在整个20世纪变得越来越抽象和一般，而亚历山大·格罗滕迪克是这一转变过程中最伟大的大师。他独特的能力是去除一切不必要的假说，他能够如此深入地探索一个领域，以至其内在的最为抽象的模式会自然地显现出来——然后，他会像一个魔术师一样，揭示出旧的问题怎样能直截了当地被解决：因为现在它们的真正本质已被揭露出来。他有传奇性的力量和强度。他长时间的工作完全转变了代数几何领域以及它与代数数论的联系。他被许多人看作是20世纪最伟大的数学家。

——芒福德(D. B. Mumford)

天才与美女，都注定要放出灿烂的光芒，引人注目，惹人妒羡，招人诽谤。

——巴尔扎克《奥诺丽纳》

一个人的命运便是他的性格所结出的果实。每个人都会表现出其天性里所具有的素质，这种倾向在古老的信念当中早已有了表达：我们为了逃避自己的命运所做的种种努力，结果只会将我们引向自己的命运。

——爱默生

每一门科学，当我们不是将它作为能力和统治力的工具，而是作为我们人类世代以来努力追求的对知识的冒险历程，不是别的，就是这样一种和谐，从一个时期到另一个时期，或多或少，巨大而又丰富：在不同的时代和世纪中，对于依次出现的不同的主题，它展现给我们微妙而精细的对应，仿佛来自虚空。

——格罗滕迪克《收获与播种》

亚历山大·格罗滕迪克(Alexandre Grothendieck，1928. 3. 28—2014. 11. 13)是一位光彩熠熠的现代代数几何的奠基人，被誉为20世纪最伟大的数学家。

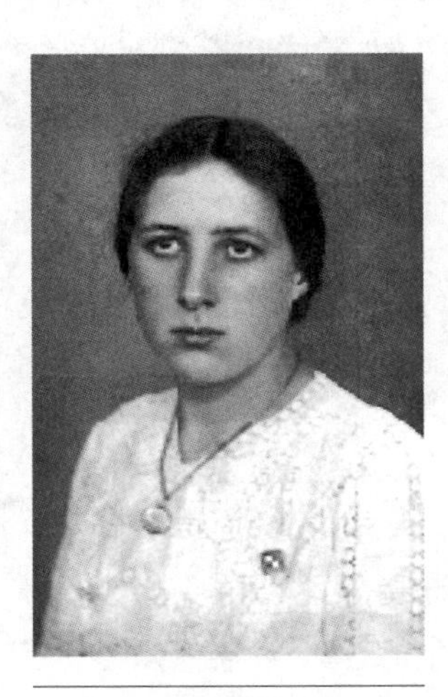

格罗滕迪克的母亲

这是一个好人，也是一个“坏人”。这是一个好父亲，也是一个“坏父亲”。这是一个好教授，也是一个“坏教授”。这是一个有情有义的人，也是一个“冷酷无情的人”。这是一个俄国犹太革命家的私生子，他除了正式婚姻有三个儿女，他也拥有两个私生子。这是一个德国母亲生的儿子，德国人希望他是德国人。这是一个成年生长在法国的、把法国数学推向巅峰的世界级数学家，法国人希望他是法国人。但是他反对服兵役，选择当无国籍难民，最后当老到不能服兵役时，他才在 1980 年正式归化成法国人。

他出身卑微，很小的时候，父母没办法照顾他，把他寄养在新教徒牧师的家里，所以他从小就跟父母分开。后来他到巴黎找母亲的时候恰逢二战爆发，很不幸他们是犹太人，法国被德国打败后，维希政府跟法西斯勾结，抓捕犹太人，他跟母亲一起被关进集中营。

他曾跟我说过他在集中营的故事，我听了很感动，所以我觉得一定要写关于他的事。他们的集中营在法国南部的一个地方。他当时还很小，他跟母亲又被关在不同的地方。关于这段经历，在后面会谈一些细节。

1945 年 5 月欧洲战场的二战结束时，格罗滕迪克 17 岁。他和母亲居住在蒙彼利埃郊外盛产葡萄地区的一个叫 Maisargues 的村子里。他在蒙彼利埃大学上学，母子俩靠他的奖学金和葡萄收获季节打零工来生活；他母亲也做些清扫房屋的工作。不久以后他待在课堂的时间就越来越少，因为他发现老师全是照本宣科。根据迪厄多内(J. Dieudonné)的话来说，那时的蒙彼利埃是“法国大学里教授数学最落后的地区之一”。

他 20 岁时离开结伴多年的母亲，来到巴黎学数学，在那里他遇见“布尔巴基学派”的创办人之一——昂利·嘉当(Henri Paul Cartan，1904—2008)。昂利·嘉当当时是高等师范学院的教授，在他周围的是法国未来出类拔萃的年轻数学家。最初，人们对这个不懂礼仪、数学知识不充分、粗壮的小伙子看不上眼，可是他却不畏权威，也不自卑，敢于研究高难度的问题。

这个讨论班采用了一种(格罗滕迪克在以后的职业生涯将其更严格化的)模式：每一年所有的讨论围绕一个选定的主题进行，讲稿要系统地整理出来并最终出版。1948—1949 年昂利·嘉当讨论班的主题是代数拓扑和层论——当时数学的前沿课题，还没

昂利·嘉当和高等师范学院

有在法国其他地方讲授过。在嘉当讨论班上,格罗滕迪克第一次见到了许多当时数学界的风云人物,包括舍瓦莱(Claude Chevalley)、德尔萨特(Jean Delsarte)、迪厄多内、戈德芒(Roger Godement)、洛朗·施瓦兹(Laurent Schwartz)和韦伊(Andre Weil)。其时昂利·嘉当的学生有塞尔(Jean-Pierre Serre)。参加嘉当讨论班以外,他还去法兰西学院听勒雷(Jean Leray)开设的一门介绍当时很新潮的局部凸空间理论的课程。

昂利·嘉当慧眼识英雄,担心格罗滕迪克基础知识缺乏以至很难跟上自己的高强度讨论班,在花花世界的巴黎会被其他人伤害自尊心,最后自暴自弃,于是要他去南锡和曾经的同学迪厄多内以及施瓦兹做研究,希望他能集中精神研究拓扑线性空间。施瓦兹早年是托派,后来成为民主社会主义者。

然而在自传《收获与播种》里,格罗滕迪克说他并不觉得像是圈子里面的陌生人,并且叙述了他对在那受到的"善意的欢迎"的美好回忆(第19—20页)。他的坦率直言很快就引起大家的注意:在给昂利·嘉当100岁生日的颂词中,塞尔夫(Jean Cerf)回忆说,当时在嘉当讨论班上看到"一个陌生人(即格罗滕迪克),此人从屋子后部随意向嘉当发话，就如同和他平起平坐一样”。格罗滕迪克问问题从不受拘束，然而，他在书中写道，他也发现自己很难明白新的东西，而坐在他旁边的人似乎很快就掌握了，就像“他们从摇篮里就懂一样”(第 6 页)。

里本鲍姆(Paulo Ribenboim)说他感觉格罗滕迪克来到南锡的原因是因为他基础知识缺乏以至很难跟上昂利·嘉当的高强度讨论班。然而，“他不是那种承认自己也会不懂的人!”里本鲍姆说。这可能是其中一个原因，促使他在昂利·嘉当和韦伊的建议下，于 1949 年 10 月离开巴黎的高雅氛围去了节奏缓慢的南锡。另外，如迪厄多内所言，格罗滕迪克那时候对拓扑线性空间比对代数几何更感兴趣，因此他去南锡再恰当不过了。

南锡的节奏不像巴黎那么紧张，教授们也有更多时间指导学生。格罗滕迪克的同学包括利翁(Jacques-Louis Lions)和马尔格朗热(Bernard Malgrange)，他们也是施瓦茨的学生；以及里本鲍姆，时年 20 岁，差不多与格罗滕迪克同时来到南锡的巴西人。

格罗滕迪克(左)和施瓦兹

格罗滕迪克在《收获与播种》第42页回忆南锡的学习生涯:"(我在这里受到的)欢迎弥漫开来……从1949年首次来到南锡的时候我就受到这样的欢迎,不管是在洛朗(Laurent)和埃莱娜·施瓦兹(Helene Schwartz)的家(那儿我就好像是一个家庭成员一样),还是在迪厄多内的或者戈德芒的家(那里也是我经常出没的地方之一)。在我初次步入数学殿堂就被这样挚爱的温暖所包容,这种温暖虽然我有时易于忘记,但对我整个数学家生涯非常重要。"结果在那里,他青出于蓝而胜于蓝,短短6个月时间解决14个泛函分析难题,而这些难题导师认为需要10多年才能解决。格罗滕迪克以21岁的年龄,一口气发表6篇论文,每一篇都可以让他当上博士。

导师迪厄多内回忆道:"1953年,应当给予他博士学位的时候,有必要在他写的6篇文章中选取一篇做博士论文,可每一篇都具备好的博士论文的水准。"最后选定作为论文的是《拓扑张量积和核空间》。俄国数学家德林费尔德(Vladimir Drinfeld)、孔采维奇(Maxim Kontsevich)、马宁(Yuri Manin)和沃埃沃德斯基(Vladimir Voevodsky)传承了他的泛函分析工作。

在南锡,由于无国籍身份,他无法成为一名正式的研究员。而获得法国国籍的条件是服兵役。这让格罗滕迪克仿佛回到了二战那会儿,感叹"生命廉价,外国人的命更是贱如草芥"。于是他离开法国,辗转于巴西、美国等国家。

四处漂泊时,他转向研究代数几何。也是在那个时间段,他开始和法兰西学院的塞尔通信。通信在2001年出版了法文原版。从信件中可以看出,格罗滕迪克充满了天马行空的想象,而塞尔则是那个将他拉回地球的人。两人革命性地改写了这门学科。

1956年,当格罗滕迪克再次回到巴黎时,已得到很多人的认可。两年后,巴黎高等科学研究所(IHÉS)正式成立,格罗滕迪克是创始人之一。在IHÉS期间,他开启了自己的代数几何王国。

代数几何的上帝

格罗滕迪克成了 IHÉS 的第一个终身教授。在那里，他创立了法国的代数几何学派，全世界优秀的教授和最聪明的学生云集他周围，称他是“代数几何的教皇”或更高的荣誉“代数几何的上帝”。

1966 年，格罗滕迪克获得菲尔兹奖。这个奖项相当于数学界的诺贝尔奖，是无上的荣耀。但格罗滕迪克拒绝前往苏联领奖。也许是因为年少时的经历，让他成为一个彻底的和平主义者。越战期间，他前往河内，在森林里给当地的学者讲授范畴论。

1969 年，正处于事业巅峰的格罗滕迪克与 IHÉS 决裂，并退出数学界。原因居然是他发现，研究所的一部分资金来源于法国国防部。那年他 42 岁。自此，格罗滕迪克几乎从大家的视野中消失了。

围绕他的各种传言也随之而起。有人说，他去放羊了，以此来消磨时光。事实上，他创办了一个名为“生存和生活”(Survivre et vivre)的组织，推广他的反战和生态保护思想。此后，还曾受聘为蒙彼利埃大学的教授，一直留任到 1988 年退休。

也就在 1988 年，瑞典科学院宣布将 6 年一度的克拉福德奖(为促进诺贝尔奖之外的几门基础科学方面的研究工作而设)颁给格罗滕迪克，但他予以拒绝。理由是，自己的教授薪金或退休金已足够日常花销。他还写了一封长信，把评奖委员会骂了一顿。其中，他批评学术界的世风日下，同事间的学术剽窃已经到了明目张胆的程度。

放弃高等科学研究所的高薪职位后，格罗滕迪克献身于环保工作，参加反核运动，放弃数学研究。在生命的最后 40 年左右，他孤立自己,不与人联系,也不和家人见面。

下面是格罗滕迪克的几个生活、工作片断,包括我与他交往的一些回忆。

远赴巴西

法国是一个官僚制度森严的国家,无国籍的人是不允许成为大学教授的。格罗滕迪克因父亲的缘故没有国籍,找工作遇到困难。他的无国籍身份使他不能担任公职,而入籍的唯一方法是服兵役,但他决不肯做,于是要另谋出路。由于这个原因,尽管格罗滕迪克才华出众,研究水平极高,却没有受聘当过教授。从1950年起他通过国家科学研究中心(CNRS)有了职位,不过这个职位更像奖学金,而不是永久性的。有段时间他甚至考虑去学做木匠来赚钱谋生(《收获与播种》第1246页)。

施瓦茨于1952年访问了巴西,给那里的人说起格罗滕迪克这个才华横溢的学生在法国找工作遇到的麻烦。结果格罗滕迪克收到里约热内卢的圣保罗大学提供给他的访问教授职位的提议,使他在1953年和1954年得以任教。

格罗滕迪克在圣保罗大学的同事赫尼希(Chaim Samuel Hönig)说:"格罗滕迪克本人过着一种斯巴达式的孤独生活,只靠着牛奶和香蕉过日子,每周7天,每天12小时,将自己完全投入到数学中。还有人依稀记得,他穿用轮胎做的凉鞋。"当格罗滕迪克在那儿时,赫尼希是数学系的助教,他们成了好朋友。

据当时为圣保罗大学学生、现在是罗格斯大学名誉教授的巴罗斯·内托(Jose Barros-Neto)说,大学做了特别安排,这样格罗滕迪克可以回巴黎参加那里秋天举行的讨论班。由于巴西数学界的第二语言是法语,教学和与同事交流对格罗滕迪克来讲是件很

里约热内卢的纯粹与应用数学研究所

容易的事情。通过去圣保罗，格罗滕迪克延续了巴西和法国科学交流的传统：施瓦茨之外，韦伊、迪厄多内和德尔萨特在1940和1950年代访问过巴西。韦伊1945年1月到圣保罗，在那里一直待到1947年秋天他转赴芝加哥大学。法国和巴西的数学交流一直延续到现在。里约热内卢的纯粹与应用数学研究所(IMPA)就有一个促成许多法国数学家到那儿去的法—巴合作协议。

格罗滕迪克计划与在里约热内卢的纳赫宾(Leopoldo Nachbin，1922—1993)写一本关于拓扑向量空间的书，但书从未兑现。1981年纳赫宾写了《泛函分析入门：巴拿赫空间与微分学》这本格罗滕迪克计划想写的书。

纳赫宾是犹太人，他发表论文时是20岁，父亲雅各·纳赫宾(Jacob Nachbin)是来自波兰的移民，在巴西创立和编辑第一份意第绪语报纸。雅各是一位学者、作家，西班牙内战时，去西班牙支持西班牙共和党人，在战争时失踪。纳赫宾靠母亲抚养长大。

格罗滕迪克在圣保罗教拓扑向量空间的课程笔记随后出版。1956年他又到美国堪萨斯州。这段时期他转变了研究课题，并开始投入到同调代数的研究中去。也是在那个时段，他开始和法兰

纳赫宾和他的书

西学院的塞尔通信。普林斯顿高等研究院的波莱尔(A. Borel)曾回忆说,“我很确定某些一流的工作必将出自他(格罗滕迪克)。不过最后做出来的比我想象的甚至还要高出很多。这就是他的黎曼-洛赫定理,一个相当美妙的定理。它真是数学上的一个杰作。”在堪萨斯大学的时候,格罗滕迪克的兴趣逐渐从泛函分析转移到了更加代数的范畴中。

美国哈佛大学讲学期间与同行交流

奥斯卡·扎里斯基(Oscar Zariski,1899—1986)是20世纪最有影响的代数几何学家之一,生于白俄罗斯的科布林(Kobrin)。他是犹太人,一生充满了坎坷。1918年扎里斯基进入乌克兰的基辅大学开始学习数学,偏向于代数与数论。同时他在大学里还是一名关心社会、积极宣传马克思主义的进步学生,并且在游行中受过伤。20岁左右,他逃到意大利,当年秋天进入罗马大学求学。二战后移居美国,并加入美国国籍。不久就被哈佛大学聘请为数学教授。哈佛大学是美国最古老的私立大学,在马萨诸塞州的州府波士顿东北的坎布里奇。此后，扎里斯基吸引了一批天才犹太科学家到哈佛，其中就有格罗滕迪克和萨米埃尔（Pierre Samuel，1921—2009）。萨米埃尔于1947年在扎里斯基指导下完成博士论文，并和扎里斯基合写了两大卷的《交换代数》。

扎里斯基

扎里斯基通过运用抽象代数的思想方法，和韦伊、格罗滕迪克等一起在20世纪中期重新建立代数几何的逻辑基础，澄清了经典代数几何中的许多模糊之处，从而为20世纪下半叶代数几何的大发展奠定了良好的基础。扎里斯基在1981年获得沃尔夫数学奖。

代数几何在现代数学中占中心地位，与多复变函数论、微分几何、拓扑学和数论等不同领域均有交叉。始于对代数方程组的研究，代数几何延续解方程未竟之事：与其求出方程（组）实在的解，不如尝试理解方程（组）的解的几何性质。代数几何的概念和技巧都催生了某些最深奥的数学分支。代数几何也将分析、拓扑、几何与数论中的许多基本概念和理论抽象提升到了更高的层次，所以说代数几何是20世纪数学统一化的一个主要源动力。

意大利几何学派的代数几何不够严密，急需牢靠的理论基础来支撑其直观的思想，意大利学派在分类代数曲面上已经走到了尽头。德国代数几何学家马克斯·诺特（Max Noether）的女儿艾米·诺特(Emmy Noether, 1882—1935)及其学派发展了一整套强大的抽象工具,诺特的学生范德瓦尔登(van der Waerden)首先把抽象代数学引进代数几何。扎里斯基先是师从于意大利代数几何学派的卡斯泰尔诺沃(G. Castelnuovo),但是对此学派工作的不严密性耿耿于怀,促使他决意改造古典的代数几何。先是在莱夫谢兹(S. Lefschetz)的影响下用拓扑工具处理代数几何问题,但成效不大,后运用诺特学派的工作,重新改写古典的代数几何,他的《代数曲面》一书于1935年完成,标志着代数几何的抽象化真正开始了,也标志着代数几何研究进入了扎里斯基时代。

格罗滕迪克分别于1958年和1961年秋访问哈佛大学,1961年诞生了"格罗滕迪克拓扑"。

日本数学家广中平祐在他的书《创造之门》中记载了格罗滕迪克在哈佛大学的情形:

"(扎里斯基)是我在哈佛大学的老师,扎里斯基先生非常严格,弟子们都很怕他。他治学的时间虽然很长,但在他门下获得博士学位的学生却很少。从这就明显地看出他是多么严格的一个人。扎里斯基在哈佛工作了共30年左右,而弟子中获博士学位的人只有10名左右。而在30年的时间内,通常要培养40人左右,最少也有20人左右。

广中平祐,芒福德,M.阿廷(从左至右)

扎里斯基先生很少收学生，即使收了，有时也马上强推给其他教授。

我留学时，最初，我们一期包括我共有五人，但不知什么时候，其中的两人转到了其他教授门下，只剩下三人。也就是说，他是一个主张人在精不在多的精锐主义者。（附带说一下，现在挂在哈佛大学的数学教室里的功臣半身像中，只有扎里斯基一人是活着的时候挂上去的。这是因为他的门生中有两位菲尔兹奖获得者。）

对我来说，师从于这样严格的老师是很幸运的。因为他是系主任，工作很忙，因此回答我们提问的时间不多；在这一点上，也可以说给我们的学习增加了困难。然而，幸运的是我的同学足以弥补这一点，并使我受益匪浅。

其中一位名叫芒福德（D. Mumford），他比我小 5 岁，21 岁进入哈佛大学研究院。一般来说，美国的大学有一条不成文的规定，大学生毕业不能进入本学校的研究院，但也有例外的情形，不过这种情形大约 10 年只有一次。不用说，这样的学生都是绝世英才，芒福德就是这样几个少数的英才之一。他继我之后，于 1974 年获菲尔兹奖，现为哈佛大学的数学教授，专业也是代数几何，被认为是这一领域的世界权威。

另一位同学叫阿廷（M. Artin），比我小 3 岁。他是从普林斯顿大学进入哈佛大学的。他与芒福德不同，显得笨手笨脚，不怎么引人注目，但是，他的观察能力特别强，能迅速地断定事物的本质及其发展趋势，并具有非常强的表达思想的能力。他的气质和才能与芒福德决然不同。他现在是麻省理工学院的数学教授，特别是以自己在代数几何中的近似理论闻名于世界。

我到哈佛大学留学的第二年，即 1958 年，学校邀请了一位德国数学家到哈佛大学讲学，他的名字叫格罗滕迪克，他在当时代数几何领域中已经是颇有名望的人物。哈佛大学的泰特（John Tate）教授想全力以赴在代数几何上做出贡献，在他的提议下，格罗滕迪克在哈佛做了为期一年的学术报告。”

在到来之前，格罗滕迪克和扎里斯基通过几次信。当时是“麦卡锡时代”后期，反共白色恐怖仍笼罩在学术圈里，来美国访问得到签证的一个要求是宣誓自己不会从事推翻美国政府的活动。

格罗滕迪克拒绝做这样的宣誓。当被告知他可能因此被投入监狱时，格罗滕迪克回答说进监狱他可以接受，只要学生们可以来探访他，而且他有足够多的书可以用就行了。

还好美国没有对格罗滕迪克的访问设置障碍。格罗滕迪克致信给塞尔：

“哈佛的数学气氛真是棒极了，和巴黎相比是一股真正的清新空气，而巴黎的情况则是一年年越来越糟糕。这里有一大群学生开始熟悉概形的语言，他们别无所求，只想做些有趣的问题，我们显然是不缺有趣的问题的。”

有一次，扎里斯基在讲课，格罗滕迪克不停问他为什么不能证明他的结果可用到概形上去，而仅仅是代数簇。扎里斯基简单地回答说没法这样做。最终，格罗滕迪克再也无法忍受，走到黑板上开始写下概形的证明。扎里斯基马上写下一个反例，当格罗滕迪克意识到错了时，扎里斯基说（带着浓重口音）：“在我的时代，我不得不学习很多的语言。”这时，格罗滕迪克满脸通红非常尴尬。

另一次扎里斯基讲课，格罗滕迪克又问他为什么没有推广他的工作。这次扎里斯基有点不高兴，冷冷地说：“亚历山大，现在我们必须学会一些自我控制。”

芒福德说：“当我开始代数几何研究生涯之时，我认为有两个吸引我的原因，首先是它研究的对象实在是非常形象和具体的射影曲线与曲面；第二是因为这是一个既小又安静的领域，其中大概只有十来个人在研究，几乎不需要新的想法。然而随着时光的推移，这个学科逐渐获得了一个看上去诡秘、孤傲而又极端抽象的名声，它的信徒们正在秘密打算接管其他所有的数学领域！从某种程度上说，上述最后一句话是对的：代数几何是一门与大量其他数学领域有着最密切关系的学科——例如复解析几何（多复变）与微分几何、拓扑学、K-理论、交换代数、代数群和数论——并且既能给所有这些学科以各种定理、方法和例子，同时又能够从它们那里得到同样多的定理、方法和例子。”

格罗滕迪克思想过于深邃，对数学进行大刀阔斧的变革，当时人们难以理解！广中平祐在《创造之门》中写道：“我自始至终地参加了格罗滕迪克在哈佛为时一年的学术报告。当时格罗滕迪克从分析转向代数几何，正开始从事将代数几何的基础全面改造成概形理论的工作。这期间我一方面听他的报告，另一方面也相互探讨学术上的一些问题。我们之间结下了很深的友情。格罗滕迪克对待数学这门学问的态度也给了我宝贵的启示。他在数学上的专心简直有点像下赌注般的执念，而且持久性也是令人吃惊的。

他的这种执念和力量是从哪里来的呢？

我带着这个疑问仔细观察了他的治学态度，我以为可能是来自他所经历的那种难以想象的逆境。我从未听到格罗滕迪克谈过自己的充满艰辛的经历。他不是喜欢吹嘘自己经历的人。我曾设想过，即便是我听到他谈起：他是怎样身穿收容所的衣服逃到法国，没有国籍，一心钻进数学王国的艰苦奋斗的历史，我也不会感到意外。因为我了解他，相信他会这样做的。

格罗滕迪克的能量很大，就像在没有河流的地方掀起滔滔洪水一样，泛舟遨游在数学的天地间。一般数学家要花相当长的时间选择适合自己的研究课题；而他却是一个怪杰，碰到什么就研究什么。他精力充沛，一天能写一二百页论文，从中产生下一个思想，属于猛烈进攻型的学者。”

扎里斯基的学生都变成格罗滕迪克的追随者，芒福德毕业后被哈佛大学聘为助理教授，特别开设了一门讲格罗滕迪克理论的课，令他惊奇的是扎里斯基从未来听课。还有奇怪的是，广中平

格罗滕迪克在越南

祐、芒福德、M. 阿廷这三位好朋友却从来没有合写过一篇论文。

国际数学家大会每 4 年举办一次,1970 年安排在法国的尼斯。通常大会是在 8 月举办,但尼斯是法国旅游胜地,考虑到旅游季节的 8 月旅馆不容易有空缺,于是大会延期到 9 月 1 日至 10 日举行。

9 月 1 日上午 9 点半,大会开幕。当匈牙利数学家图兰(Paul Turan)介绍菲尔兹奖得主贝克(Alan Baker)的工作时,格罗滕迪克开始分派他新成立的“生存和生活”组织的宣传小册子。轮到他介绍广中平祐的工作时,他把装小册子的包裹放下,站上讲台开始用英语演讲。这时一些法国数学家向他高喊:“用法文讲!”根据大会预先规定,他是应该以法语报告。他不管一些人的呐喊,继续用英文介绍广中平祐的工作。

广中平祐出生于日本山口县,1954 年毕业于京都大学,1957 年夏天来美国哈佛大学向扎里斯基学代数几何。认识了格罗滕迪克后,广中平祐学到格罗滕迪克的关于代数几何的一些思想和技巧,在 1960 年完成他的博士论文。在 1964 年他的成名工作是在特征数为 0 的域上的代数簇上奇异点的消解,把他的导师扎里斯基从小于维度 3 的代数簇推广到任意高的维度去。1959—1960

格罗滕迪克介绍广中平祐的工作

年格罗滕迪克邀请广中平祐到法国高等科学研究所研究。1962年广中平祐被邀请在瑞典斯德哥尔摩举办的“国际数学家大会”上介绍他的代数簇奇点消解理论。

格罗滕迪克演讲完后，在接下来别人介绍两位菲尔兹奖获得者的工作的报告时，向大厅的听众分发反战的“生存和生活”的宣传小册。

这一次“国际数学家大会”举行的地点在尼斯大学，原因是迪厄多内教授是这里的理学院院长，借这所大学开会可以替法国数学学会节省许多开支。

迪厄多内是格罗滕迪克在1949年来南锡大学时他的论文导师之一。法国高等科学研究所成立时，迪厄多内被聘请当那里的教授，他提出一个条件：必须同时聘请格罗滕迪克为教授之一，因为当时格罗滕迪克在法国没有固定的职位，只是靠“中央研究中心”(CNRS)微薄的研究金过日子。

两人终于在高等科学研究所定居下来，这开启了格罗滕迪克生命中10年的黄金时代，在那里善于写作的迪厄多内协助思想天马行空的格罗滕迪克编写《代数几何原理》，从1960年直到1967年共写了1 700余页，发表在《高等科学研究所数学出版物》上，成为现代代数几何的经典著作。

迪厄多内在数学上敬重这个学生，但不喜欢他的激进思想和行为，尤其不同意他要放弃数学从事环保及反战活动。现在看他在大厅里不管人们在开会发送宣传册子，心里很是生气。

9月4日，格罗滕迪克在大会厅设置一个他的"生存和生活"宣传摊位，由他的大儿子塞尔日(Serge)协助，这摊位在两个出版商摊位间，吸引了300多名听众听格罗滕迪克讲述他的组织宣传。

迪厄多内很气愤格罗滕迪克不顾大会规则私设摊位，要他移出大厅，两人争吵起来，在几个好朋友的劝导之下，格罗滕迪克同意把摊位移到室外。可是尼斯的警察总长来到大学校园，认为他的行为是在引起骚乱，要他移走摊位。可是他拒绝了，他的好友卡蒂埃(P. Cartier)惊呼："他要进监狱！他真的想要进监狱。"

最后卡蒂埃教授的几个同事把这个宣传摊位向后移动几尺，满足警长要求不妨碍行人走路，事情才解决。

卡蒂埃1950年进入高等师范学院，1958年在昂利·嘉当指导下取得博士学位。1961—1971年是法国国家科学研究所的研究主任，1955—1983年是布尔巴基学派会员。在代数几何、数学物理、群表示论和形式群上均有卓越贡献。格罗滕迪克在1970年9月离开高等科学研究所之后，卡蒂埃在1971年7月任职。1950—1960年代，他们在布尔巴基学派里共事，成为好朋友。

许多年后，卡蒂埃回忆当年尼斯摊位争执事件，提出他对格罗滕迪克的看法："他从心里是彻头彻尾的无政府主义者，他有一些想法和我不同，但政治上他是很幼稚的，他行事不顾后果。"

是的，我基本上同意卡蒂埃教授的看法，在数学理论上格罗滕

卡蒂埃

迪克是巨人，但在政治认识上他却是“矮子”。（这也许是他内心纯粹的体现吧。）

初次邂逅——有眼不识泰山

为帮助一个波兰籍盲人数学家，我不幸发生意外，脑子受震荡，记忆力逐渐衰退，许多中文都忘记了，写信要凭借一本英汉词典，找回汉字的写法。而更糟的是连自己的一些研究结果也记不起来。我不想让人知道我的情况，远离人群，尽量掩饰自己的健忘。这时我的心中很消沉，我曾感觉自己从山顶一下降到谷底，真是彻底完蛋了。

这时我看到加拿大数学学会的通告，说在魁北克省的蒙特利尔大学会举办一个夏课，是有关代数几何的，主讲人是普渡大学的印度籍数学家阿比安卡尔（S. S. Abhyankar）教授、麻省理工学院的 M. 阿廷、法国的格罗滕迪克以及日本京都大学的永田雅宜（Masayoshi Nagata）。

由于大会承担与会者的机票和住宿费,我想应该出去走走,于是就写了申请信。信中告诉大会主办方我对环论有兴趣,以前研读过永田雅宜的论文,曾一段时间独立研究发现3个定理。

结果我很快得知,我被录取上这夏课,而且还有100多元加币作生活津贴。于是我飞去蒙特利尔市,看我在麦吉尔大学(McGill University)的学长林忠强和学妹李婷婷(他俩后来结婚)。

我住进蒙特利尔大学的学生宿舍。可是在搬进宿舍的那天,我把手表放在宿舍的桌子上,去屋外上公共厕所,5分钟后回来发现,由于房间没锁,手表被人偷走了。

第二天大会开始,整个讲堂挤满了来自各地的数学家和青年学生。第一次见识有数百名听众听演讲的场面,实在令人感动。

永田雅宜教授矮矮胖胖,戴副金丝眼镜,外貌很像我南洋大学的周金麟教授。周教授毕业于加拿大英属哥伦比亚大学,博士论文是关于商环的理论,我喜欢环论是受他的影响。这一次永田雅宜讲的是关于"环的平坦扩充",这是我唯一听懂的演讲。

永田雅宜教授和弟子森重文(右)

永田雅宜是我喜欢的日本数学家之一。他在1958年给出希尔伯特第14问题的反例。美国的汉弗莱斯(J. E. Humphreys)在1978年证明对于任意代数群只要是简约的(或者是平凡的),该问题恒有肯定答案。

他曾被哈佛大学邀请作访问教授，在那里指导唯一的美国博士。而他一生在名古屋大学只收两个博士生，而最著名的是关门弟子森重文(Shigefumi Mori)，他的博士论文是交换簇的泰特猜测。森重文曾是哥伦比亚大学教授，研究方向是代数几何和双有理几何，由于解决了 3 维代数簇的极小模型理论，1990 年获菲尔兹奖。

我不会日文，但为了读永田雅宜的环论工作，买了他写的《交换体论》。他在 81 岁时因胆囊癌去世。

我还看到大数学家阿廷(E. Artin，1898—1962)的儿子 M. 阿廷(Michael Artin)，他身高 6 尺多，瘦瘦高大，讲的内容听不懂。

阿比安卡尔讲述他和学生莫宗坚 1969 年的工作。他们研究曲线和曲面的嵌入及自同构问题，从这方面研究阿比安卡尔及凯勒(O.-H. Keller)一个关于二元多项式的猜想，这猜想后来简称为“雅可比猜想”。

阿比安卡尔及永田雅宜(1969 年)

中午到大学餐厅吃饭，在排队领取食物时，我旁边是一位剃光头、戴金丝框眼镜、脚穿凉鞋和穿短裤蓝色衫的 30 岁左右的人。

我看他托盘中只是意大利通心粉和一些蔬菜沙拉及乳酪，而我盘中的食物有鸡和牛肉，看来比他丰盛得多。

“我可以坐在你的旁边吗?”他和蔼可亲地问我。

"好的,我们就找一个角落吃饭。"我说。

我们边吃饭边聊天。我猜他是来自美国的博士生或博士后。

"你为什么会参加这个高等数学研讨会?"他问我。

"我喜欢环论,以前读过永田雅宜的关于环论的论文,很想亲眼见见这个数学家并听他讲述关于环的平坦扩张。我对环的扩张理论很有兴趣。"

"你有没有读过代数几何的东西?"

"我读过瓦尔特(Walter)的一本代数几何的旧书,但上学期我的老师要我们读一本巴斯(Hyman Bass)的新书《代数 K 理论》。"

"你为什么会想做数学呢?"

"我小时候数学并不好,而且怕数学,后来遇到一个好老师,在她鼓励下,我经过自己的努力把数学学好,在初中第二学期还拿到数学比赛第一名。后来想当数学教师教导像我以前怕数学的学生。

但在高中时,我曾想当木匠,曾拜邻居一个同乡为师,学木工。但是我的师父看我身体太瘦弱,认为木工不是我可以当的职业,要我好好读书去当教师。

以后我进入南洋大学数学系,可是毕业之后却由于政府当局不喜欢华人毕业生,我在一所天主教办的女中当两个月临时教员就被停职。过了两年之后,我才申请加拿大大学的奖学金出国留学。而靠了这奖学金,我才能养我的母亲及让我的弟弟读大学。"

"你在加拿大念研究生,有没有做过什么研究?有什么发现?"

这时我就把我前一段时间发现定理的故事告诉他,以及终于找到答案那瞬间的快乐和满足。他听我在睡衣睡裤上套了冬大衣跑去大学教微积分的糗事后哈哈大笑。

我们这顿饭一面谈一面吃,竟然超过半小时,最后我们是餐厅里剩下的少数人。

下午进入演讲大厅,有人问我:"你认识亚历山大·格罗滕迪克教授?"

“谁是格罗滕迪克?”我茫然回答。

“那个刚才在餐厅和你一起吃饭的人就是格罗滕迪克，你不知道吗?”

哎呀！我真是无知，有眼不识泰山，这个人可不是什么研究生，而是大名鼎鼎的大数学家。

格罗滕迪克的老师迪厄多内 1950 年在研究有限特征数域上的李代数时引进 p 整除群，p 整除群在有限特征数代数几何中甚为重要。

下午格罗滕迪克做了关于代数几何和 p 整除群有关联的东西的演讲，并提出一些猜想，可是内容太深，我完全没有听懂，像听琴的傻牛，不懂音律。我猜是否大部分听众也是像我一样不知他在说什么?

格罗滕迪克在授课

在这个夏课中，有普林斯顿大学卡茨(Nicholas Katz)的博士生威廉·梅辛(William Messing)，根据格罗滕迪克提出证明的战略解决了塞尔和泰特的猜想。格罗滕迪克和卡茨是他的论文导师。后来他的 1971 年博士论文题目是《与巴尔索蒂-泰特群相关联的晶体：在阿贝尔群概形中的应用》。

格罗滕迪克演讲的内容《巴尔索蒂-泰特群与迪厄多内的晶体》是他最后正式在杂志上发表的论文。

格罗滕迪克提出例外 p 整除群的牛顿多边形猜想一直到30多年后才由荷兰数学家奥尔特(Frans Oort,1935—　)证明。

奥尔特

后来格罗滕迪克宣布他要做一个“非数学”的演讲，这是有关人类所面对的危机，科学家应该负起的责任，希望大家能来听。就

在会议自由活动时间格罗滕迪克与阿比安卡尔交谈

是这个“非数学”的演讲中，他宣布成立一个环保、反战的组织“生存”，这组织后来更名为“生存和生活”。呼吁人们要清醒地看到自然环境灾难化的趋势，战争将会导致人类的毁灭。

再次会晤于渥太华

我听了格罗滕迪克的“非数学”演讲，看到“生存”环保组织成立的情形。

他在自传中写道，他希望有许多数学家能参加这组织，但令他失望的是只有两三个人决定参加，其中之一就是梅辛。

在我离开蒙特利尔前他又和我见了面，并要了我的通信地址。他问我对他的“非数学”演讲的看法。我说我同意他说的这个世界面对冷战的升级，几个大国争相发展核武器，人类正往自我毁灭的路径前进。人类前途就像《罗素-爱因斯坦宣言》所说：“有鉴于在未来的世界大战中核子武器肯定会被运用，而这类武器肯定会对人类的生存产生威胁，我们号召世界各政府公开宣布它们的目的……我们号召，解决它们之间的任何争执都应该用和平手段。”他邀请我参加这个组织。我对他说，我离开新加坡来加拿大之前，大使馆的官员要我签下不能在加拿大从事及参与任何政治组织和活动的保证书，我想我就不参加这个组织。但我可以把加拿大数学学会给我的会费中的 100 元给他。这钱不多，但可以给我母亲一个月的生活费用，请他接纳，表示我对他的行动的支持。我说许多科学家生活在他们的“象牙塔”里不闻窗外事，对他能关心人类未来的胸怀表示敬重。

他觉得奇怪，加拿大使馆要我签保证书。我解释南洋大学是东南亚第一所华文大学，以华文为教学媒介，然而南大学生在新加坡受到歧视。英语至上的政府想改制接管大学，遭到学生反对。

我读大学的4年每一年都发生半夜时分镇暴警察和军人进入校园进行扫荡和逮捕。白天军警发射催泪弹追赶、鞭打、殴击南大学生。我的同学被关进监狱,或遭驱逐出境。我第一年被选为数学系学会的学术组员,因经济和健康问题而没有负责。我拿不到奖学金,下课后还要奔波,教有钱人家孩子数学,结果太累导致胃出血并患上肺病。学会的学术组组长被驱逐出境,我没有钱买课本,我中学老师(他也是南大生)帮我借书也被政府停职,与几个贫寒同学在校外农民家包伙食。第四年,一位关心我的教授对我说他看到第二批准备开除名单有我的名字,要我不可轻举妄动。虽然开除没有发生,但两年却找不到工作。

我不奇怪大使馆的官员在官方宣传误导下担心我会去加拿大搞政治。

最初格罗滕迪克不要我这100元,但是我说接下来的两个星期我会在温哥华的不列颠哥伦比亚大学上英国群论专家希格曼(Graham Higman)的群论夏课,这是由韩国著名数学家李林学(Rimhak Ree,1922—2005)安排的。我有生活费用,因此不需要这100元,他的组织需要许多经费,请接受这微博的捐助,最后他收下了。离开前,他问我想不想来法国做代数几何的研究?

我说我代数几何学得不多,基础不强。其实我喜欢的"近世代数"的系统是"群论",在南洋大学从英国留学回来的陈四庆老师把他学的群论悉心传授于我们。我也参加过新加坡大学彭祖安教授的"有限群研讨会",并且阅读新加坡大学图书馆那丰富的数学杂志中的群论相关论文。

很不幸,上希格曼的课之后,我被那种琐碎的证明吓坏了,课上原来有10多位从各地来的硕士生参与(有许多还是我南大的同学),但是希格曼干巴巴的讲课方式让许多人倒胃口,上到一半课程许多参与者索性不来了,我是最后的三四位坚持上完的学生,但最后我决定不再搞群论研究。

格罗滕迪克回法国之后给我写了几封信，谈他的“生存和生活”（这时组织改名），他没有花太多时间在数学上。有两位老师和好友舍瓦莱和萨米埃尔是这组织的创办人。他认为我留在温尼伯不做主流数学不是一个好主意，可以考虑来巴黎研究。

希格曼

我没有学过法语，语言是一个难关，而我的记忆力已经不行，学外语非常困难，当自己的母语已渐渐忘记，想要驾驭一门外语，真是异想天开的事。因此我谢谢他的好意，我说我还需要靠加拿大的助学金支持我在新加坡母亲的生活和弟弟的大学费用，不可能去法国。

加拿大首都渥太华有一所渥太华大学。1970 年秋天我收到格罗滕迪克的法国来信，他说他由法国到美国巡回演讲，会在某月某日来加拿大的渥太华大学演讲，他很想看我，希望我能去见他。

我回信说很高兴他能来加拿大，我会去听他的演讲，顺便到多伦多看我的一位学长郭本源。

见到格罗滕迪克教授，他介绍加拿大安大略省皇后大学的里本鲍姆教授给我认识。里本鲍姆在 20 岁时就认识了格罗滕迪克，他是犹太人，从巴西来法国南锡留学，师从迪厄多内，从事数论的研究。他是我的学长曾传仲的老师，来温尼伯和格列兹教授做研究，结果完成了一篇非常出色的博士论文。

格罗滕迪克曾经问我：“你想不想出名？”

我回答：“不，我不想，我从 13 岁开始就已经对名看破了，我曾想当和尚，但后来却认为躲在庙里不正确，应该活在俗世间。后来又接触新约圣经，被耶稣的事迹感动，但看到教会腐败，从此不想

Kingston 4.2.1971

Dear Lee,　　Returned — no one there
insufficient address

Thanks for your little note, and please excuse that I am so long in answering ! I am giving introductory lectures for the theory of affine group schemes. It goes on very slowly, but that is better, as people should understand. Most of my time I spend on Survival, trying to get it started here in Canada and the US too. I am going to give talks at various places here (mathematical and non-mathematical), including Toronto, Ottawa, Montreal. Iw wonder if we will meet wome place ? My personal adress is 208 E King Street, Kingston (Ontario), phone 548 39 73.
Best wishes

affectionately yours

Schurik

Massy 10.5.1971　Just got back that letter, and send it to you once again although it won't tell you much! Best wishes

Schurik

这是1971年格罗滕迪克给我的信。他曾到加拿大的大学讲学,希望我见他。之后,他再邀我去巴黎作研究,这封信改变了我的人生轨迹。信里还附有他与布尔巴基学派的好友戈德芒合写的关于他们环保组织的宗旨的信,是一份反对军事研究的著名文件和任何宗教组织关联，也不想当教师。”

他又问我：“你想不想有钱？”

我回答：“不，我外祖父继承曾外祖父的家业，曾是富二代。但是在战后被日本军队掠夺破坏，家道中落。我与外祖母在一块曾过贫苦的日子，知道贫穷是多么刻骨铭心。”

在南洋，以前富裕的人都有三妻四妾，我的外祖父除了外祖母外还有三名妾，外祖母生了三男四女，他还有妾生的儿女，可是晚年他远离家小，一个人生活，潜修佛学，家族的事业全部放弃，遗嘱交代去世后不葬祖坟，火化后骨灰撒入大海，这也是令人吃惊的事。

外祖母从小养育我，说我很像外祖父不看重钱，长大后应该在不重钱的职业环境中生活，我受外祖母影响很大。

格罗滕迪克后来抛妻弃子，放弃高薪职位，视金钱如粪土，这些行为就和弘一法师及我的外祖父一样，我理解他的行为。

可惜这世界攀龙附凤、锦上添花的人比比皆是，在格罗滕迪克离家而我还没搬出他家时[①]，有一天他夫人米莱（Mireille）与我谈话。

“他做的事，我真的不明白，格罗滕迪克放弃数学不搞研究，他劝跟从他几年并悉心培育多年的吕克·伊吕西（Luc Illusie）不要搞数学，也不要获取博士学位，令伊吕西很难过。可是他却把你从加拿大叫过来，还要你留在法国 10 年做研究，我真是不明白。”

“是的，我也不明白。”我说。

还好伊吕西坚持在 1971 年写完他的博士论文，我在南巴黎大学参加他的论文答辩，后来他还成为南巴黎大学数学教授，并且和德利涅（Pierre Deligne）把格罗滕迪克离开 IHÉS 之后遗留的一大

① 在格罗滕迪克安排下，我前往法国南巴黎大学做研究达七年半之久，有几次我就住在他家里。

堆讲义、讲稿仔细编辑改写,继续完成他未完成的一大堆烂摊子。20年后格罗滕迪克写信给他,要求不要出版他的书,及从图书馆撤下他的所有研究工作手稿。

“格罗滕迪克在早一年由加拿大回来提起你,并且说希望你能来法国,如果你能早一年来,那时他还做一点数学,你一定能得益很多,你是在错误的时间来到错误的地点。以前他邀请日本的广中平祐来高等研究所研究并和我们住在一起,他能亲自听到格罗滕迪克的教诲,学术上得益很多,而你却错过了这样的机会,我现在却担心你受到他的打击,结果也放弃数学的工作。”

“不会的,我喜欢数学,我一定会好好在这里学到一些东西。”我说。

“格罗滕迪克给约翰娜的打击很大,在学校同学嘲笑她有一个疯子爸爸。最近她连学校也不去,在外面和一群不读书上课的同学在一起。格罗滕迪克跟她说,现在的法国教育教人越来越笨,不读书也没有关系。你看有这样的父亲吗?”

我回答说教育系统是存在问题,格罗滕迪克也没完全错。

“以前格罗滕迪克还在高等科学研究所时,每年圣诞节时从世界各地寄来的圣诞卡及贺年卡可以装满3个纸箱,小孩子收到各种各样的礼物。可是现在他什么东西都不要,这世界马上变得冷酷,没有人再寄圣诞卡和礼物来。”

她讲到这里痛哭起来,我也为这世态炎凉感到难过,人们都是那么现实,一个人有利用价值就会高攀,没有利用价值就弃如敝屣。

我认识一个法国数学家,他在格罗滕迪克年轻来巴黎时认识他。他说那时他在写博士论文,而格罗滕迪克还未到南锡跟随施瓦兹教授。有一次他对格罗滕迪克讲他自己研究所遇到的困难,格罗滕迪克不是做他研究的东西,可毕竟是一个绝顶聪明的人,马上告诉他可能的结果,而且很耐心地告诉他怎么推导这些结果,后来那位法国数学家把这些东西写进他的论文而获得学位，人们称呼的“×××××定理”事实上应该是“格罗滕迪克定理”。格罗滕迪克从来不居功，也不提他帮人的事。

我说有一天我写格罗滕迪克的故事，是否可以叙述这件事，他说可以，但要我不要揭露他的真名，因为他不想让人知道那人是靠格罗滕迪克而得到学位。我说，好，我会遵守这誓言。

但我食言了，因为这位数学家反对格罗滕迪克的观点，而且认为他是发神经，完全不了解他。对此我感到难过，对曾经给他极大帮助的人竟然这样说：“他真该死，以前太过顺利如日中天，到处受人吹捧，现在也该吃吃失败的苦果。”我对他病态的话觉得可怕。

另外一些数学家对我说，格罗滕迪克是非常慷慨的人，有许多人在研究时遇到过不去的坎时，对格罗滕迪克讲述他们的困难，格罗滕迪克马上提出好的建议与解决方案，人们根据他的提议最后定能成功圆满解决。

在和他一起时，我第一次听到约翰·纳什(John Nash，1928—2015)的名字。

中国读者现在通过报刊介绍知道，纳什是1994年诺贝尔经济学奖以及2015年阿贝尔奖的获奖者，还有奥斯卡获奖电影《美丽心灵》讲述了他悲惨动人的故事。

纳什有一个时期害怕有人要追杀他，带着妻子跑到欧洲，那时是格罗滕迪克收留他，让他住在自己的家。

格罗滕迪克对我说：“如果纳什没有狂想症，以他的才能他应该在数学上取得成就而获得菲尔兹奖，很可惜他却发疯了。”对这位患妄想型精神分裂症的数学家他仍是敬重。

我感到难过的是在《美丽心灵》一书里，纳什却说他住在格罗滕迪克家里时，格罗滕迪克爱慕他的妻子，有不轨的企图。我知道格罗滕迪克的为人，他喜欢女人，但是“愿者上钩，决不会乘人之危”。

2010年法国年轻的数学家维拉尼(Cédric Villani)获得菲尔兹奖,现在里昂大学教书,也是庞加莱研究中心主任,他就是用格罗滕迪克创造的理论解决了难题。他在推特上公布一个资料,叙述格罗滕迪克的一件仗义疏财的故事。

1972年,格罗滕迪克申请法兰西学院一个由于芒德布罗伊特(Szolem Mandelbrojt)的退休而空缺下来的永久职位。格罗滕迪克递交的简历中明白地表示他计划放弃数学而专注于那些他认为远比数学更紧急的任务:"生存的需要和我们星球稳定而人道的秩序的提倡。"学院怎么可能给一个人数学职位而他却申明自己不再做数学了呢?"他被很正确地拒绝了。"塞尔说道。

道是有情又无情

法国高等科学研究所的勒内·托姆(René Frédéric Thom,1923—2002)教授及夫人(她和女儿教我学法文)劝我不要卷进格罗滕迪克的家庭纷争,应该搬出来。他们非常好,与奥尔赛的宿舍负责人商量,让我能在学生宿舍找到居住的地方。夏天宿舍关门,

托姆

他安排我住进他巴黎的小公寓。

托姆于1923年9月2日生于法国蒙贝利亚尔。1943年进入高等师范学校,1946年毕业后到斯特拉斯堡大学,跟随昂利·嘉当和埃雷斯曼(C. Ehresmann)读博士,在这里他结识了吴文俊并受到吴的影响。1951年他写出博士论文《球丛空间及斯廷罗德平方》,获得国家博士学位。因之前在微分拓扑的工作特别是配边理论于1958年获菲尔兹奖。这个漂亮的工作不仅引出一系列新配边理论,而且对数学产生冲击性的影响。

托姆于1968年建立了突变论。突变理论以微分拓扑学中微分映射的奇点理论为基础创立,为从量变到质变的转化提供各种数学模式。突变理论系统论述于1972年出版的《结构稳定性与形态发生》一书中。在物理学、化学、生物学、语言学等方面已有不少应用。除了通过各数学分支的间接影响外,拓扑学的概念和方法对物理学(如液晶结构缺陷的分类)、化学(如分子的拓扑构形)、生物学(如DNA的环绕、拓扑异构)都有直接的应用。

这时托姆的兴趣转向生物学、语言学和哲学,并建立"语义物理学"。1989年《语义物理学概要》出版,提出他的一套科学哲学体系。

格罗滕迪克曾要托姆参与他的代数几何讨论班,托姆却以他很懒回绝。格罗滕迪克写信批评他。托姆在一篇文章中写道,与法国高等科学研究所其他同事的关系比较起来,他与格罗滕迪克的关系"不那么愉快。他的技术优势太有决定性了,他的讨论班吸引了整个巴黎数学界,而我则没有什么新的东西可供给大家。这促使我离开了严肃数学世界而去处理更一般的概念,比如组织形态的发生,例如形态发生学,这是更吸引我的主题,引导我到一种非常广义形式的'哲学'生物学"。

后来格罗滕迪克在巴黎市区租了一个大房子,要建立"公社",希望我搬去住。我曾去看过,但是我听从托姆教授的劝告,不要卷进"格罗滕迪克龙卷风暴"里,不然会遍体鳞伤,死无葬身之地,而且我觉得自己也不适合那种“嬉皮士”的生活方式，于是拒绝格罗滕迪克的邀请。

贾斯廷·斯卡尔巴(Justine Skalba)是罗格斯大学著名教授格伦斯坦(Daniel Gorenstein)的博士生，她刚刚完成群论的博士论文。在听到格罗滕迪克在罗格斯大学的演讲之后，她竟然不顾父母的劝告跟着他到法国。

1972年8月格罗滕迪克回到巴黎，他介绍贾斯廷给我认识。我对贾斯廷的轻易离开美国、追随格罗滕迪克的做法不认同。有一次，在阿维尼翁一次和平示威中，警察开始干预，骚扰并驱逐示威者。当他们开始对付格罗滕迪克和贾斯廷时，他变得非常愤怒。贾斯廷回忆道：“他是个好拳击手，我们看到警察向我们走来，大家都很害怕，接下去我们看到的是这两个警察已经躺在地上了。”格罗滕迪克打倒了两个警察。其他警察将格罗滕迪克制伏后，贾斯廷和他被捆着放进一辆货车里送到警察局。不久后两人被释放。

由于我想去美国纽约旅行，贾斯廷安排我去她父亲家住，并请她父亲去机场接我。

我第一次到美国的城市是纽约。斯卡尔巴伯伯来接我到他的布鲁克林的家。他说这房子是纽约下层阶层住的地方。但是我看他的房子非常干净，而且惊奇的是两个靠墙而立的大书架上有雨果的《悲惨世界》，以及德国哲学家的书，这些都是具有文化和思想深度的著作，让我对这位犹太裔工人出身的老者深为尊敬。

从美国回来发现格罗滕迪克结束了巴黎的“公社”，他也没有在法兰西学院教书，而是回到母校蒙彼利埃大学当教授。贾斯廷生了一个孩子取名叫约翰(John)，与格罗滕迪克住在洛代沃(Lodève)的维勒坎(Villecun)村庄一个农民的偏房，这房子没有电和厕所浴室。晚上得点煤油灯，要洗澡得到很远的郊野一个有温泉的地方泡澡，大小便要跑到附近的草丛就地解决。法国南部冬天多雨，要大小便就得拿雨伞，真是不方便。

格罗滕迪克租住维勒坎农民的没有电灯和厕所的偏房(1973 年)

格罗滕迪克这时吃全素,而贾斯廷身体虚弱,希望能吃肉补充蛋白质,她在格罗滕迪克去蒙彼利埃大学教书时偷偷买肉吃。不幸这举动被格罗滕迪克发现,暴怒的他把她逐出家门。她抱着两岁的小约翰到法国高等科学研究所来,希望有人能帮她调解。没有人敢向格罗滕迪克说情。

贾斯廷带着小约翰回到奥尔赛向我哭诉,暂时住格罗滕迪克的大弟子德利涅的宿舍。我当时对她说:(1) 不要住在德利涅那里,因为格罗滕迪克当上高等科学研究所的终身教授后,因为发现研究所获得法国军部的经费援助而要德利涅与他一起辞退研究所工作。德利涅不愿意。而且还拿北大西洋公约组织的钱主持一个关于 l 函数的会议,让格罗滕迪克对德利涅这个爱徒的看法改观,认为他是像出卖耶稣那个犹大一样的“混蛋”,贾斯廷去依靠他的“仇人”真是“罪大恶极”。(2) 法国是居大不易,没有钱很难生活。她的法语和我一样不灵光,不容易找工作照顾小约翰。她应该赶快回美国。在美国找一个教职,和父母好好养育约翰。美国生活比法国容易得多。

贾斯廷回美国在罗格斯大学找到教职。我的祖师爷加拉格尔的同门师弟本比(Richard T. Bumby)是罗格斯大学教授,后来和贾斯廷结婚,很疼爱小约翰,视如己出。贾斯廷的姓也由斯卡尔巴变成了本比。贾斯廷的身份由我的师娘变成祖师叔婆。

本比

1986年夏天本比教授到加州大学伯克利分校休假,他们全家来拜访我。我问有没有格罗滕迪克的消息?贾斯廷说不久前是约翰的13岁生日,她写信给格罗滕迪克问他作为约翰的生父,是否能送他一件礼物表示对他关心,谁知他却连一封回信都没有,真令她失望。听到这消息,我马上从书架上拿出一套阿西莫夫(I. Asimov)的科幻小说送给约翰作礼物。

格罗滕迪克可能会变得非常极端,有时候表现得不太厚道。格罗滕迪克的巴西好友里本鲍姆回忆说:“他不是什么卑鄙的人,只是他对自己和别人都要求很苛刻。”他会把朋友变成敌人,把学生当成叛徒。我想这和他的出身及经历有关。

2015年4月17日,挪威奥斯陆大学的莱于达尔(Olav Arnfinn Laudal)教授在挪威科技大学以“亚历山大·格罗滕迪克——20世纪无国籍数学巨人”为题演讲。他讲述了这样一件事:“卢布金(Saul Lubkin)是我美国的好朋友。他曾在韦伊的推荐下在《数学年刊》上发表两篇厚厚的关于韦伊猜想的论文。就像患精神分裂症的纳什,卢布金在哥伦比亚大学和加州大学伯克利分校等地到处流浪。我认识他时,他受到少许压抑,常处于正统派犹太教徒及数学流浪汉之间。原来格罗滕迪克曾写了一封非常令人讨厌的信,贬低他早期的作品,剥离他的所有荣耀,告诉他该去跳湖自杀。”

格罗滕迪克对卢布金严厉的评论，说那些话伤卢布金的心，特别地，他也是一个犹太人，中国人不是说“血是比水浓”吗？对此我感到奇怪。

格罗滕迪克年轻时来巴黎，在高等师范学院认识一些年轻的数学家塞尔、卡蒂埃等。后来也参与“布尔巴基学派”的活动，有一个时期是他们的领导之一，但是很快他就脱离他们的活动，除了偶尔参加“布尔巴基讲习会”。

我曾问他“布尔巴基学派”对现代数学的推动有很大的贡献及影响，为什么他会想退出该组织？

格罗滕迪克说他“不喜欢这些人的布尔乔亚习气。他们讲究找景色优美、旅馆舒适的地方去讨论数学。做数学就做数学，不需要有安逸的环境才做数学”。

这真是印证了一句老话：“道不同不相为谋。”我想他与这些出身较上层的人是格格不入的。

格罗滕迪克辞世

2014 年 11 月 12 日，我和太太开车南下洛杉矶女儿的家。13 日下午 4 点 10 分收到加州大学伯克利分校的林节玄教授发来的电邮，转自法国解放网的报道：《一个希望被遗忘的天才——亚历山大·格罗滕迪克去世》。接下来中国香港的萧文强教授、中国台湾的王藹农教授以及美国的苏新浩教授都发来我老师去世的消息。

法国的报道说，格罗滕迪克在法国南部阿列日省的圣吉龙(Saint-Girons)医院于 11 月 13 日病逝，享年 86 岁。医院负责人说，出于保护个人隐私，院方不会透露具体死因。而这一切，只不过是一个神秘了一辈子的数学家，留给世界的最后一个传说罢了。

2014 年 8 月 29 日，我在台湾大学数学系演讲《孤独的狼——亚历山大·格罗滕迪克的传奇生涯》时说："他躲避人群，独居在法国西南比利牛斯山区的一个小村庄。这 20 年与世隔绝，他与家人没有联系，有人以为他已去世。但是他的身体壮健，我相信他可以活到 100 岁。"

是的，在 40 年前我和他接触 7 年的时间里，他身体是非常强壮的。在他 80 岁时，德国记者给他拍照，他还很健壮。在他去世之后，我看到去年他 85 岁时在《海德堡奖得主论坛》(*Heidelberg Liureate Forum*)上的相片。他身穿修士的黑袍，头戴黑布帽，右手握一手杖，身体微倾，满脸白色的浓密胡须，很像一个俄罗斯的农民或东正教修道院的一位隐士。

我听说这时他不单是绝对素食主义，而是吃得很少，有时只是喝一点蒲公英叶煮的汤。这和 40 年前他还吃一些德国香肠完全不一样。由于营养缺乏，他的身体很衰弱。

11 月 13 日，我的右脚抽筋，我想也是格罗滕迪克向我发出信息，告诉我他已离开人间。那几天我心里充满悲伤，阅读法国《世界报》《人道报》以及法新社的讣闻，接下来美国的《纽约时报》《华盛顿邮报》都登载有关他的死讯。法国前总统奥朗德对他的去世表示致哀，在悼词中称赞他为"当代最伟大的数学家之一"，并对他的数学成就、哲学思想表示敬重。英国《每日电讯报》在讣告中评价说："他是 20 世纪后半叶最伟大的纯粹数学家。他的名字在数学家中所赢得的尊敬，就像爱因斯坦的名字在物理学家中所赢得的尊敬一样崇高。"

我是他的没有"登堂入室"的学生，他把我从加拿大带到巴黎，他不做数学，而且也劝他最后的几个学生不要再做数学，可是他却矛盾地要我来巴黎这个世界数学中心研究数学，为了能让我在那里留 10 年，他帮我搞到法国高等工业和科技奖学金，并且安排我到南巴黎大学在他以前的老师和好友昂利·嘉当、皮埃尔·萨米埃尔及第一个大弟子米歇尔·德马聚尔(Michel Démazure,现法国数学学会会长)的数学系做研究。

对我,他像父亲一样,虽然他告诉我这世界快要毁灭,要做一些更有意义的事,但我在法国那些与他相处的日子里,我们却像好朋友坦诚相告。我后来把我儿子中文名叫做"念祖",英文名叫"亚历山大(Alexander)",就是要纪念这位我挚爱的父辈。

2004 年 10 月和 11 月杰克逊(Allyn Jackson)在《美国数学学会通讯》(*Notices of the American Mathematical Society*)上发表《仿佛来自虚空——代数几何教皇格罗滕迪克的故事》。斯坦福大学的钟开莱(1917—2009)教授把这两篇文章传给我,希望我动笔写我老师的传记。

退休之后,我一直想动笔,但我想在写之前再回法国看望格罗滕迪克一下。这时我看到他写给他以前学生的一封信。他明确表示不许人们出版他的书,以及不要在网上传播他的论文。他想让自己的工作在世间消失。

他曾经工作的法国高等科学研究所(IHÉS)准备出版他 1983 年至 1985 年写的 1 000 多页自传《收获与播种》(*Recoltes et semailles*),也是他禁止出版的书籍之一。

他也曾要求销毁自己留在蒙彼利埃大学 5 个箱子里的 20 000 多页手稿文献。

蒙彼利埃大学的数学教授称格罗滕迪克是"亚历山大大帝"。1990 年 7 月,格罗滕迪克请蒙彼利埃大学的数学教授马古瓦(Jean Malgoire)——他以前的学生——保管他所有的数学文章,包括书籍、预印本、通信以及不同阶段准备的手稿。马古瓦指出他烧了很大一堆材料,大部分是非数学的,其中包括他父母在 1930 年代的通信。他给马古瓦看一个 200 升堆满灰烬的汽油桶,并估计说他大概烧了 25 000 页纸。

格罗滕迪克手稿保管人马古瓦

格罗滕迪克是怎样的数学家

格罗滕迪克在代数几何学方面的贡献博大精深,大致可以分为10个方面:

(1) 连续与离散的对偶性(导来范畴,6种演算);

(2) 黎曼-洛赫-格罗滕迪克定理(把黎曼-洛赫定理由代数曲线和代数曲面推广到任意高维代数簇,其间发展了拓扑K理论);

(3) 概形概念的引入(将代数几何学还原为交换代数学);

(4) 拓扑斯理论;

(5) 平展上同调与l进上同调;

(6) 动形(motive)理论;

(7) 晶状上同调;

(8) 拓扑斯的上同调;

(9) 稳和拓扑;

(10) 非阿贝尔代数几何学。

他和其他人合作出版十几部巨著，共 1 万页以上，成为代数几何学的圣经。

前哥伦比亚大学教授、现转教密歇根大学的巴斯（Hyman Bass）这样说他："格罗滕迪克用一种'宇宙般普适'的观点改变了整个数学的全貌——几乎每一个后来的数学研究者都会被他影响。"

布朗大学应用数学系教授芒福德在 1958 年秋天初次见到格罗滕迪克，那是在哈佛大学数学系主任扎里斯基邀请格罗滕迪克第一次访问。扎里斯基是芒福德的博士论文导师，他要芒福德从亚历山大那儿学习他的一些理论。

芒福德说："一般人做数学研究，多是从特例开始。我的老师扎里斯基如果被一个问题难住的话，就会跑到黑板前，画一条自相交曲线，这样可以帮助他将各种想法条理化。他会画在黑板的一个角落里，然后擦掉它，继续做代数运算。他必须通过创造一个几何图像重新建构从几何到代数的联系来使自己思维清晰。可是格罗滕迪克似乎从不从例子开始研究，除那些特别、简单、几乎平凡的例子外。除去交换图，他几乎不画图。

他从来不在特例上下功夫。我只能从例子中来理解事情，然后逐渐让它们更抽象些。我不认为这样先看一个例子对格罗滕迪克有一丁点帮助。他真的是从绝对最大限度的抽象方式中思考问题来掌握局势的。这很奇怪，但他的脑袋是如此工作的。"

在格罗滕迪克 80 岁前夕，德国记者找到隐居的他，并拍摄他的近照。那篇报道是以《来自高维度的数学家》为题描述格罗滕迪克教授。

是的，对于许多像"青蛙"活在泥地的数学家，他们就像是"平面国"的图形，很难想象在高维度的数学家怎样认识数学真理。

格罗滕迪克真的就像德国记者所描述那样，他高瞻远瞩，发

现许多人们看不到的数学体系之间的联系,并且把它们之间的关系一一揭示。许多与他工作过的人都把他当成“神人”看待,因为他能做出一般人不能做的东西,以及看出他们不能看到的东西。

现在问题来了,他就像《平面国》的“正方形”绅士,当他想向其他人解释他所知道的真理,人们就会视他为传播异端。如果他生在中世纪,他肯定会像布鲁诺被监禁,最后被杀害。

得克萨斯大学奥斯汀分校的约翰·泰特(John Tate,1925—)在普林斯顿大学学习数学,师从埃米尔·阿廷(Emil Artin),1950年获博士学位。约翰·泰特和他当时的妻子卡伦·泰特(Karen Tate)1957—1958学年在巴黎度过,在那儿他们首次见到格罗滕迪克:“他很友好,同时相当天真和孩子气,”约翰·泰特回忆道,“很多数学家都相当孩子气,有时不通世务,不过格罗滕迪克犹有甚之。他看上去就那么无辜——不工于心计,不伪装自己,也不惺惺作态。他想问题的时候相当清晰,解释问题的时候非常有耐心,没有自觉比别人高明的意思。他没有被任何文明、权力或者高人一等的作风所污染。”

卡伦·泰特回忆说格罗滕迪克乐于享受快乐,他很有魅力,并喜欢开怀大笑。但他也可以变得很极端,用非黑即白的眼光来看待问题,容不得半点灰色地带。另外他很诚实:“你和他在一起的时候总知道他要说的是什么。”她说,“他不假装任何事情。他总是很直接。”她和她的弟弟、麻省理工学院的迈克尔·阿廷都觉察到格罗滕迪克的个性和他们的父亲埃米尔·阿廷很相似。

格罗滕迪克有着“令人难以置信的理想主义想法”,卡伦·泰特回忆说。比如说,他不允许在他屋子里有地毯,因为他坚信地毯只是装饰用的奢侈品罢了。她还记得他穿着轮胎做的凉鞋。“他认为这妙极了,”她说,“这些都是他所尊敬的事务的象征——人需要量体裁衣，量力而行。”在他的理想主义原则下，有时候他可能变得特别不合时宜。

格罗滕迪克离家出走时，曾搬迁至他的越南情人 T 夫人家住。

后来格罗滕迪克去美国讲学，认识了犹太女博士贾斯廷，她追随格罗滕迪克一道来了法国。

在巴黎，贾斯廷和格罗滕迪克建立的“公社”很快就由于群居的住客无政府状态的活动——比如吸大麻、喝酒，把格罗滕迪克的一些数学手稿丢入篝火里焚烧照明，让格罗滕迪克不能再容忍。再加上他原先想申请继任法兰西学院芒德布罗伊特教授的职位告吹，于是他就决定回他的母校蒙彼利埃大学当教授，南迁至法国南部，远离巴黎。

在他离开巴黎之前，他安排了法国国家奖学金使我留在南巴黎大学做研究，并安排“布尔巴基学派”的第二代领袖萨米埃尔作为我学术上的监护人。萨米埃尔教授是扎里斯基的合作者，我以前读过他们合写的专著《交换代数》。

难能可贵与格罗滕迪克一起泡澡并谈数学

有一天，我在奥尔赛工作的办公室里接到 T 夫人的电话。她告诉我格罗滕迪克在骑摩托车时被车撞伤。她载我去维勒坎陪他几天。周末时她会南下，请我到她家会合。这是我第一次去蒙彼利埃看望格罗滕迪克。

T 夫人陪格罗滕迪克一个晚上，第二天就开车回巴黎工作，留我下来。苏立(这是格罗滕迪克母亲对他的爱称，后来他熟悉的朋友或学生都这样称呼他。他不要我用格罗滕迪克教授的敬称称他，因此我也入乡随俗称他“苏立”)这房子靠近农民的羊圈，我全

我和苏立秘书“耶稣”在T夫人家和苏立聚餐

身被虱子咬得红肿，而且痒得难受，搔得血迹斑斑。

苏立给我一些药膏涂抹止痒。他笑着说：“你们中国人的血一定很甜，虱子爱上你了。”我觉得奇怪的是怎么虱子没有咬他？他身上竟然没有被虱子咬噬的伤痕。

他说等天暗时，要陪我一起去山脚下的温泉泡澡。我问他为什么不白天去。他说，那是乡里人认为神圣的地方，不愿意外人使用，温泉只好等晚上没人看见我们才使用。他说，洗了温泉澡之后，我的伤痛很快会好。

苏立很久不愿意与人讨论数学。他后来认为世界很快就要毁灭，做数学没有什么意义。没有想到的是，洗温泉的时候，他竟然会和我谈数学。

我扶着他，借着拐杖的支撑一步步地走下山路。我想他为了能让我泡澡一定要忍受极大的痛苦。当走下温泉时，月亮高高挂在头顶上空，四周景色分明，还好没有当地人出现，不然他们一定会看到有人在他们的神圣温泉处泡澡。

日本菲尔兹奖得主广中平祐在哈佛大学作博士时听苏立讲课，后来也来法国高等科学研究所参加苏立的“代数几何”研讨会。

法国里厄克罗(Rieucros)的集中营，格罗滕迪克和母亲曾被送到这里

我读他写的书《创造之门》，其中有他对苏立那段时期的回忆，苏立没有谈他以前童年、少年的生活。只知道他受过很多苦，却不知任何详情。

我却在泡澡时问他，能否讲述他与母亲在法国集中营的生活。他说，小孩子、少年和成人分开监禁，他的母亲关在另外一边的营地，有一天他看到他的营地一个墓上长了一些野花，就采摘下来，设法跑到母亲的集中营边上，从铁丝网的缝隙里传给正在劳动的母亲。他回忆这段往事时，眼睛泛着泪光。我在中国几所大学讲述这故事时，有时也会情不自禁地哽咽。

他询问我以前在环论上的工作。我说美国数学家伯克霍夫(G. Birkhoff)在1930年代有一个重要的泛代数的定理：任何在一个由公理定义的代数系统本原集所有的代数都可以表示为次直不可约代数的乘积。

苏立说他不知道伯克霍夫的定理。

因此，就像对群的本原类研究，人们要研究单环的结构。我就说美国犹太裔数学家雅各布森(Nathan Jacobson)对满足结合律

$x*(y*z)=(x*y)*z$ 的环给出了所有的次直不可约环的结构。

我说它们有一个极大子环,然后有以下性质……

我还没有把以下性质说出来,苏立就告诉我应该有什么性质。我以为他见过雅各布森的工作,谁知他说他从来不知道这方面的东西。

我告诉他如果环不满足结合律,这些性质就不一定成立。我说我曾构造一些不满足雅各布森条件的次直不可约非结合环的例子。

然后他告诉我庞特里亚金的故事。我对他说我曾读过中国翻译的庞特里亚金的《拓扑群》一书。他讲他在1970年曾在尼斯举行的国际数学家大会上见过他,听过他的演讲。本来他对庞特里亚金一个盲人能做出这么多好的工作感到钦佩,但是这个人都把他的智慧用在军事上。

他还对我讲德国一个年轻数学家泰希米勒(Paul Julius Oswald Teichmüller, 1913—1943)的故事。这人才华横溢,可惜是个法西斯分子,在苏联战场前线丧生。他把拟共形映射和微分几何学方法引入复分析和黎曼提出的模问题中。泰希米勒理论对从代数几何学到低维拓扑学的诸多学科有长时间的持续推进,他留下的工作值得重视。他要我以后有机会读一读他的几何函数理论方面的工作。

泰希米勒

可是我年轻时思想很幼稚,听说他是个纳粹分子,认为这个反动家伙的工作没有什么好看的,就决定不搞他的东西。

在我准备离开法国到美国学计算机时,我到洛代沃向他告别。他说："记住，不要用你的知识从事战争和伤害人类的研究。你要自己走自己的路。"他还遵嘱我不要写信给他，不要和他联络。

我问他原来的博士论文是关于拓扑向量空间的，为什么后来不再从事这方面的工作。他说，他发现泛函分析可以应用在战争方面，因此决定不再搞。他认为代数几何安全，是在战争上最不可能有应用的数学。

法国有一个叫"格罗滕迪克圈子"(Grothendieck circle)的网站，是一群崇拜他的法国、德国及美国数学家设立的。上面放了他的一些论文、书信以及照片，根据他的指令，把他的论文全部取下，只能留下一些他的传记资料。

我想他也一定不同意我写他的传记，就像有一个时期他不要我谈他的工作，但当两天后我要回巴黎时，他又把他两份珍贵的随身带在身边的日本出版的论文赠送给我。

他还把他珍藏的奥地利数学家埃米尔·阿廷的论文集及好友舍瓦莱(C. Chevalley)的《李群论》(*Theory of Lie Groups*)、日本数学家广中平祐《代数簇奇点的解消理论》以及他负责编辑的斯普林格的书送给我，要我读他们的工作。

格罗滕迪克曾是德国斯普林格出版社的一套数学丛书的编辑。出版社寄给他许多样书，都被他丢弃在垃圾桶里。我询问他这些书丢弃可惜，是否可以让我捡几本自用或送给一些能用的朋友？

他竟然允许。我欣喜若狂，从垃圾桶里救出了 20 多本书，放进我的手推车行李箱里带回巴黎，记得其中一本后来送给当时在南开大学教书的王梓坤教授，其他的都分给不少人。有一些和代数几何有关的书伴随我 30 多年，最后我都捐赠给中国的大学。

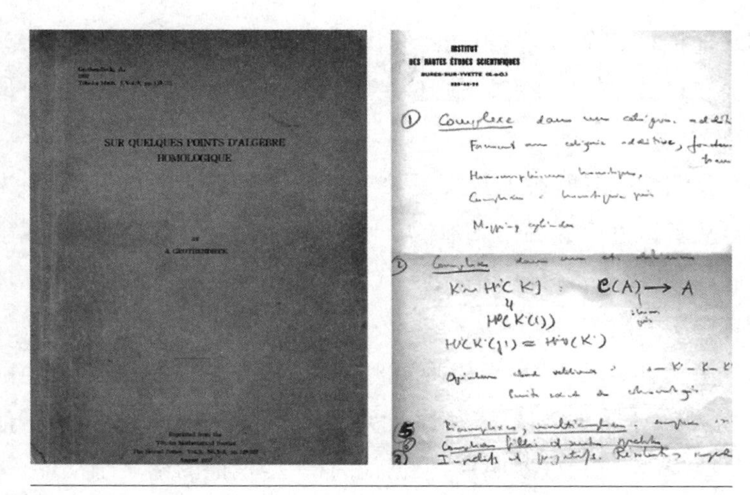

格罗滕迪克送我珍贵的日本出版的抽印本，上面有他的手迹

回到奥尔赛向昂利·嘉当报告

奥尔赛的南巴黎大学数学系给我一间办公室，是在二层楼图书馆那层，与萨米埃尔、昂利·嘉当的办公室靠近。

昂利·嘉当教授当年70岁左右，由巴黎的高等师范学院转到南巴黎大学教书，而且教基础课，我有听他的课。他教书非常好，娓娓动听，就像老爷爷给孙辈讲故事，而且能在最短时间让听众了解最深奥的内容。看他教书的情形让我感动。这也使我以后决心要成为像他那样的“好老师”。

有一天，在走廊见到嘉当教授，我的法文当时还不行，只好用英文问候他，并告诉他我刚刚从苏立住处回来。

嘉当关心苏立的健康情况。我说了与他泡澡的惊奇发现：他不知道雅各布森的经典环论工作，而惊异他随口就说出结果。

嘉当笑着说：“苏立是一个天才，读书很少，是与众不同的数学家。”

我对嘉当说:“我想我设法说服苏立回来搞数学。他喜欢数学,数学又这么好。不从事它是非常可惜的事。因此想和他谈数学,让他忘记车祸,减轻肉体的痛苦。”

嘉当说,他认为苏立不会再回来从事数学研究,因为他是很固执的人。当年他宣布离开布尔巴基之后就不再回来。

最后他说:“如果你能说动他回来搞数学,就算以后你不再从事数学工作,法国的数学界也会感谢你的。”

有人问我,苏立后来有没有做数学研究。答案是有,但那是16 年后的事了。

1985 年夏天,我在加州大学伯克利分校见到陈省身教授,和他谈他的挚友昂利·嘉当和格罗滕迪克的这些事。

当时陈省身教授劝我应该写格罗滕迪克的事迹,让更多人能了解他。我回答目前我教学任务太繁重,可能不行。或者等我退休之后再动笔写。搞不好会像法国作家罗曼·罗兰写《约翰·克里斯朵夫》一样要写十年。

尾声——奇怪的梦

在格罗滕迪克的自传中,他说晚年大部分时间在冥想以及做梦,而且他在自传中大部分谈关于梦境。自从和苏立分离到美国之后,奇怪的是我 40 多年从来没有在梦中梦到他。

2015 年 3 月 26 日我第一次梦到他。

这是一个晚上,我到一所被黑暗笼罩的房子前,我站在门口犹豫是否要进去。

最后我鼓起勇气推门而入。眼睛被微弱的光照射,我眯起眼睛看,房子里有一张桌子,旁边坐着一个穿黑袍的老人。他的黑袍上有头罩,我没看清他的脸。

晚年的格罗滕迪克(2013 年)

我心中想是否“死神”本人向我显现？我慢慢走向前去，向他打招呼致敬。

“信明，你来了。”

“啊！苏立！真的是你。我很高兴见到你。你身体可好？”

“你不是知道我已经死了吗？对于死人没有什么好不好。你怕见到我吗？”

“不。苏立，我不害怕。可是我要向你致歉，这么多年我遵嘱你的话不要写信给你，没有和你联络。”

“是的，我感谢你走之后不再与我联系，你自己走自己的路。”

“米莱在 1985 年给我写信，告诉我约翰娜生了孩子，您成为外祖父。而且她搬到您的家附近，这样马丢(Mathew)和小亚历山大能靠近您。但很不幸我把这封信遗失了，从此失去和她联系。”

“我知道这事，她对你关心，不知道你后来怎么样。对，你好像有心事，可以和我谈吗？”

“是这样，我在写您的传记，记载您与情人在家里的事。这一部分材料我给不同人读，请他们提意见。

有一位老教授认为这样的文字不宜发表。理由：1. 对理解数学和数学家没有帮助；2. 涉及别人的隐私，需要征得事主和相关人员的同意；3. 即使事主同意，我们也不能同意这种行为符合社会公德，不宜扩展这种性解放观念。”

“啊！你遇见麻烦了，有人不同意你的写法。我知道你写我这事时是用轻描淡写去叙述，并没有渲染什么见不得人的东西，也没有在文字上刺激读者的感官，为什么他会反对呢？”

“这老教授受中国传统教育影响很深。虽然孔子说‘食色性也’,可是对这类‘男欢女爱’的事却如‘敬鬼神而远之’。

但另一位老教授却不同意他的看法,他针对三条提出反驳意见:

1. 对理解数学和数学家没有帮助。

数学家是一个抽象概念,写一个数学家的传记是写一个人——让大家知道这个人。泰希米勒是一个数学家,说他信奉法西斯主义是不是对理解数学和数学家没有帮助呢?任何传记都让你理解一个人。

2. 涉及别人的隐私,需要征得事主或相关人员的同意。

如事主本人的确告诉你他对性解放的看法并未视为隐私加以隐瞒之意,你在道义上是应当安心的。

3. 即使事主同意,我们也不能同意这种行为符合社会公德,不宜扩展这种性解放观念。

那就应当宣布许多经典作品不符合社会公德,不宜扩展。包括《约翰·克里斯多夫》,左拉大部分作品,托尔斯泰的《谢尔盖神父》那样的作品,更不要说《金瓶梅》《查特莱夫人的情人》那样有争议的作品了。他就一直喜欢《约翰·克里斯多夫》,但没有学到什么性解放。”

“嗯!那位教授看问题是比较开放不保守。我喜欢这样的人。信明,你年轻时天不怕地不怕,怎么现在反而是‘前怕狼后怕虎’呢?

你要忠于历史,不要为尊者讳,就算你是爱我,我做错什么事,你也要照实写出。你必须做《皇帝的新衣》里诚实的孩子不撒谎,总是说真话,隐瞒就是对我的不尊重。很多时候,我们去判断一件事的是非对错,出发点并不是事件本身,而是自己对于事件中人物的好恶情绪。喜欢一个人,不论他犯了怎样的错,总会找到原谅他的说辞。不喜欢一人,不论他做了什么,只要是关于他的事件,总是要破口大骂。我做人不需要人人都喜欢,但要'毁不馁,誉不喜',坦坦荡荡活在人世。"

"苏立,我前一个时期大病初愈,差一点就去世。现在年纪大了,身体衰弱,而且担心由于脑曾损伤,容易遭帕金森病的袭击。我很担心我完成不了你的传记的写作任务。特别是我已远离你的工作以及数学主流研究,为了写您的工作,我要阅读大量文章,有时觉得力不从心。"

"信明,不要顾虑太多,尽力往你的标杆前进,做好你能做的、应该做的事情。我会设法托人协助你,就像你们中国人说的'有贵人相助'。

你能做多少就做多少,不要太勉强自己,用愉快的心情,作一个学术人生之旅。放轻松一点写作,不要顾忌太多。

你让你的成果说明你的努力,不要太在意世俗的眼光和批评。心里不要有顾忌和太多负担。"

"苏立,去年我想到巴黎看我的儿子,然后重游旧地,并去看望您,使褪色的记忆恢复光彩。

可是我却在手术之后,身体不行,赴法之行取消,后来儿子还要从巴黎回来,到医院看望我。

我没法想象您健壮的身体这么快就衰退。

去年我到台大数学系演讲,我以昂利·嘉当教授活到100多岁才去世,还宣称您能活过100岁。"

"我想我后来长期禁食,身体弄坏,而且吃的东西缺少钙质,牙齿坏了,骨骼也开始疏松,疾病把我弄倒了。

因此我劝你不要学愚蠢的我,搞什么禁食,把老命送掉。"

"苏立,我看到你后来只吃蒲公英汤过日,我就流眼泪。我曾经因淋巴结肿瘤,用蒲公英、苜蓿草、胡萝卜、苹果打汁喝,让肿瘤消掉。但是这个东西太寒,吃多伤身。"

"任何东西常吃都不好,除了马铃薯外。

我想回来谈人类的劣根性，如果喜欢‘为尊者讳，为亲者讳，为贤者讳’，对地位尊贵者的过失取隐瞒回避的态度，歌功颂德，他们的真面目被笔墨粉饰，你要写我记得要忠于历史，忠于事实，不然就不要写。”

“苏立，我没有在您的理论上有什么研究和贡献。我觉得对不起您，辜负您帮助让我留在法国做研究。”

“唉！你不必要在意这件事。我看到你能自己在图论上独创一面，证明了自己是一个能独当一面的数学家，这是重要的。”

“苏立，但我觉得内疚和惭愧，不能成为您的理论的继承人，发扬光大。我不是您的门徒。”

“从你踏进法国那一天，你就是我的学生。你从我身上学到怎么研究，你在数学领域有自己的创见，这才重要，你永远是我的门徒。”

“您在离世前将您的手稿付之一炬，某些好数学将随着您的离世而永远不见天日，我为此而颇为不安。”

“数学中的许多结论往往在遗失之后又被再次发现。这没有什么重要。”

辻雄一翻译的《收获与播种》

“苏立！2008 年我参加上海交通大学组合数学会议。来自日本九州大学的坂内英一(Eiichi Bannai，1946—　)教授告诉我，您写的 1 000 多页自传《一个孤独冒险的数学家——数学和自我发现的旅程(收获与播种)》已于 1989 年翻成日文，据说日本还有不少高中生受此书影响，已经看完了《代数几何基础》(EGA)……”

“这真是走火入魔，一步登天。”

“苏立，我最近看到梅辛以及德利涅在法国高等科学研究所

梅辛近照

(IHÉS)讲您的动形理论及影响时的相片,他们都垂垂老矣。”

“不要再提另外一个人。好了,我要离开了。”

“苏立!我可以拥抱您吗?”

当我拥抱他时,他的身体像烟雾一样慢慢消失。

我流下眼泪,来不及对他说:“我爱您!苏立!”他就走了。

我很想对他说我的数学工作,就像以前他在洛代沃温泉泡澡时听我讲述的那样。我想等我在另一个世界遇见他时,我会有机会再对他说——如果他对数学仍有兴趣的话。

德利涅2013年获得阿贝尔奖

苏立对德利涅悉心培养。还在1970年,他力荐26岁的天才青年成为法国高等科学研究所教授,可是在他要离开研究所时,德利涅却不离开,让他觉得这个爱徒是“犹大叛徒”。德利涅1978年获得菲尔兹奖,1984年移居美国,进入普林斯顿高等研究院,1988年获得克拉福德奖,2008年获得沃尔夫奖,2013年获得阿贝尔奖,是当代最杰出的数学家之一。没有想到几十年来苏立对德利涅的成见不解，死后也不原谅。

我醒来枕头上有泪痕，这真是做梦遇见格罗滕迪克了。

【又记】电脑损坏后，数据丢失，衷心感谢林节玄、萧文强、梁崇惠教授及钱永红给我寄来《孤独的狼——亚历山大·格罗滕迪克的传奇生涯》的一部分，让我重新构建此文。

2018.8.15

参考文献

1. Artin M, Jackson A, Mumford D, Tate J. Alexandre Grothendieck 1928 - 2014, Part 1 . Notices of the AMS, 2016, 63(3): 242 - 255.
2. Artin M, Jackson A, Mumford D, Tate J. Alexandre Grothendieck 1928 - 2014, Part 2. Notices of the AMS, 2016, 63(4): 401 - 2413.
3. Jackson A. Comme Appelé du Néant — As If Summoned from the Void: The Life of Alexandre Grothendieck I. Notices of the American Mathematical Society, 2004, 51(4): 1038 - 1056.
http://www.teachblog.net/poincare/archive/2007/07/30/6616.html.
4. Allyn J. Comme Appelé du Néant — As If Summoned from the Void: The Life of Alexandre Grothendieck II. Notices of the American Mathematical Society, 2004, 51(10): 1196 - 1212.
5. Bietenholz W. Alexander Grothendieck: la fascinante vida de un genio matemático. CIENCIAS, Revista de cultura científica (UNAM, Mexico), 2015, 117: 4 - 11.
6. Bietenholz W. Tatiana Peixoto. To the Memory of Alexander Grothendieck: a Great and Mysterious Genius of Mathematics, Ciencia e Sociedade (CS) CBPF. Brazil, 2015, 3(1): 1 - 9.
https://arxiv.org/abs/1605.08112.

7. Grothendieck A. “Récoltes et Semailles” et “La Clef des Songes”.
8. Lebrun G. Alexander Grothendieck, the secret genius of mathematics, 2015. 1. 11.
https://al3x. svbtle. com/alexander - grothendieck.
9. Mumford D, Tate J. Alexander Grothendieck (1928 - 2014): Mathematician who rebuilt algebraic geometry. Nature, 2015, 517 (7534): 272.
10. Mumford D, Tate J. Alexander Grothendieck obituary, David Mumford at Brown and Harvard Universities: Archive for Reprints: Can one explain schemes to biologists. 2014. 12. 14.
11. Pragacz. Piotr Notes on the life and work of Alexander Grothendieck, in Pragracz, Piotr, Topics in Cohomological Studies of Algebraic Varieties: Impanga Lecture Notes. Birkhäuser: 2005.
12. Scharlau W. Wer ist Alexander Grothendieck?: Anarchie, Mathematik, Spiritualität Three-volume biography, first volume.
“Wer ist Alexander Grothendieck? Anarchie, Mathematik, Spiritualität. Eine Biographie. Teil 1: Anarchie.” [Who is Alexander Grothendieck? Anarchy, mathematics, spirituality. A biography. Part 1: Anarchy.] (in German) Kleinert, Werner. 2007.
13. Scharlau W. written at Oberwolfach, Germany, “Who is Alexander Grothendieck?”, Notices of the American Mathematical Society, Providence, RI: American Mathematical Society, 55 (8) (2008. 9), pp. 930 - 941, ISSN 1088 - 9477, OCLC 34550461, retrieved 1 2011. 9.
14. Schneps L. ed. Alexandre Grothendieck: A Mathematical Portrait, Somerville Massachusetts: International Press of Boston, Inc. 2014.
15. http://www. msri. org/publications/books/sga/.
16. 朱亚宁. 牛人格罗滕迪克. 重庆文学,2011: 10.
https://site. douban. com/128768/widget/articles/5205110/article/15270104/.
17. 数学界的大神格罗滕迪克去世了. 都市快报,2014. 11. 16.

http://news.ifeng.com/a/20141116/42483162_0.shtml.

18. 余艾柯. 数学怪才格罗滕迪克. 中国科学报，2014.4.4.
http://news.sciencenet.cn/htmlnews/2014/4/291347.shtm.

19. 亚历山大·格罗滕迪克——一个并不广为人知的名字. 数学文化，2015，6(2).
http://iscientists.blog.caixin.com/archives/98694.

20. Bicknell-Johnson M. A short history of The Fibonacci Quarterly. The Fibonacci Quarterly，1987(25)：2-5.

21. Eves H. Hail to thee，blithe spirit! The Fibonacci Quarterly，1981(19)：193-196.

22. A History of the Mathematics Department at San Jose State. http://www.math.sjsu.edu/~jackson/A%20History%20of%20the%20Mathematics%20Department%20at%20San%20Jose%20State.htm.

23. Booker A. Cracking the problem with 33. arXiv：1903.04284.

24. Boyer C. New upper brounds for Taxicab and Cabtaxi numbers. Journal of Integer sequence，2008，11：Articl 08.1.6.

25. Kevin A. Broughon，Characterizing the sum of two cubes. Journal of Integer sequences，2003，6.

26. Davenport H. Sum of three positive cubes，J London Math Soc，1950，25：339-343.

27. Elsenhans A-S，Jahnel J. New sums of three cubes. Math Comp 2009，78：1227-1230.

28. Katz V. A History of mathematics — an introduction (3rd edition). Addition—Wesley，2009，179.

29. Leech J. Some solutions of Diophantine equations，Proc Combridge Philosophic Soc，1957，53：776-770.

30. Lehmer D H. On the Diophantine equation $x^3+y^3+z^3=1$. J London Math Soc，1956，31：275-280.

31. Pavlus J. Sum-of-Three-Cubes Problem Solved for "Stubborn" Number

33. Quanta Magazine, 2019. 3. 26.

32. Silveman J. Taxicabs and sums of two cubes. The American Mathematical Monthly, 1993, 100: 351－340.

33. Frank J. Swetz, Mathematical Treasure: Arithmetic of Diophantus. Convergence, 2018, 5.

34. 李学数.数学和数学家的故事(第2册).上海:上海科学技术出版社,2015.

35. 李学数.数学和数学家的故事(第9册).上海:上海科学技术出版社,2019.

36. 徐天.丁石孙与他的北大往事.中国新闻周刊,2016.03.07. https://www.sohu.com/a/346582137_220095.

37. 杨鑫宇.丁石孙先生逝世,为什么那么多人怀念他?中国青年报,2019.10.14.

38. 丁明.我的大伯丁石孙.新民晚报,2019.12.04.

39. 北大原校长丁石孙去世引无数人追忆,他为什么这样值得怀念?中国教育报,2019－10－18.

40. 张益唐看望丁石孙,三代数学家再聚首.北京大学校报,2013(1325). http://pku.cuepa.cn/show_more.php?doc_id=851641.

41. 丁石孙.有话可说:丁石孙访谈录.长沙:湖南教育出版社,2013,7.

42. 张恭庆.丁石孙老师.北京大学数学科学学院,2019.10.17. http://pkunews.pku.edu.cn/xwzh/2a13744718fa486999c8c58cc162eb7e.htm.

43. 精神的魅力:教育家丁石孙.央视国际,2006.3.22, 17:08. http://www.cctv.com/program/dajia/20060322/102216.shtml.